実践事例で学ぶ
官能評価

神宮英夫　笠松千夏
國枝里美　和田有史　［編著］

日科技連

まえがき

　人が「もの」と接したときに、その「もの」を人がどのように受け止めているかを明らかにすることが官能評価である。「もの」は、手に取ることができる製品をはじめとして、イベントやサービスなど手に取ることはできないが、実体としてその存在を意識できるものをも含んでいる。人の受け止め方がわかれば、もっとより良いものにするための手立てもわかってくる。人を対象とした「もの」をつくっている企業では、官能評価へのニーズは高い。

　わが国では、官能評価は、その草創期には官能検査とよばれており、品質管理業務の一部として扱われていた。一般財団法人日本科学技術連盟は、この活動を初期から支えてきた。それまで、一部の企業で各社独自に細々と続けられていた官能検査を、より発展させていこうという目的で、1955年3月に日本科学技術連盟内に部会が設置された。部会での成果をより多くの企業にも活かしてもらう目的で、1957年9月からは、年1回セミナーが開設され40年以上続いてきた。この設立当時に活躍されていた大学や企業の方々は、わが国の官能評価の第一世代である。その後、1970年6月からシンポジウムが開催されることになった。この時期からは、第二世代の方々も活躍され、2001年まで続いた。そして、部会、セミナー、シンポジウムと多様な活動のなかで、第二世代の教えを受けた第三世代の人たちが、徐々に参加するようになった。そして、第二世代を中心に日本官能評価学会が設立され、1997年3月に学会設立記念特集号として日本官能評価学会誌が発刊され、年1回の大会とともに、現在は一般社団法人化がなされ活動が続いている。

　今回、日科技連出版社より、官能評価の書籍を出版するお話を学会にいただいた。第三世代の人たちが集まり協議を重ねてきた。そのなかで、2001年まで続いてきたシンポジウムの発表のなかに、今でも十分に参考になる事例研究が多くあったため、「これらを整理して事例中心の書籍にできないだろうか」という観点にもとづき、本書が執筆された。

　編集を担当した4名は、第一世代と第二世代から直接教えを受けており、その内訳は官能評価を初期の段階から主導してきた企業に所属する2名と国の研

究機関に所属する 1 名、そして大学に所属する筆者である。本書は、序章を含めて 9 章で構成されている。シンポジウムからの事例は 8 本で、これらの内容の説明とともに、別の視点からの解析や評価実験の可能性にも言及する構成となっている。

　官能評価のハンドブックは 1973 年に同社から発刊されており、実務に携わる人の必携書となっている。JIS Z 9080 や学会で認定している官能評価士を受験するためのテキストをはじめ、多くの官能評価関係の書籍が存在する。しかし、実際に官能評価を実施しようと思ったときに、事例を踏まえて参考となる書籍が少ない。本書は、事例を参考にしながら官能評価が実施できるように、また必要に応じて種々の変化がつけられる応用力を発揮できるように、企図したものである。今後の官能評価が今以上の多様な展開をして、多方面で有用な手法であると認識され、第四世代、第五世代が生まれることを祈念している。

　出版に際して、日科技連出版社の田中延志氏には、シンポジウムの事例の収集をはじめ著作権問題など、多くのお力添えをいただきました。ここに記して感謝申し上げます。

2016 年 9 月

神宮　英夫

目　次

まえがき .... *iii*

序章　官能評価とは *1*
1. 官能とは　*1*
2. 評価手法　*3*
3. 統計を使う意味　*6*
4. ものづくりでの役割　*10*
■序章の参考文献　*11*

第1章　QDA法 *13*
1.1　はじめに　*13*
1.2　事例の紹介　*13*
　　ヤマハ発動機における感性と技術を融合させる新しい試み　*14*
　　　1. はじめに　*14* ／ 2. 二輪車開発における官能評価技法の役割　*14* ／ 3. 定量化手順　*15* ／ 4. XJR400『走り感』開発への適用　*21* ／ 5. おわりに　*23*
1.3　事例の解説　*24*
1.4　おわりに　*36*
■第1章の参考文献　*36*

第2章　官能評価による設計品質化 *37*
2.1　はじめに　*37*
2.2　事例の紹介　*37*
　　ABS作動音音質評価法の開発　*38*
　　　1. まえがき　*38* ／ 2. 定量化の進め方　*39* ／ 3. 官能評価と物理量の検討　*39* ／ 4. 定量化の検討　*44* ／ 5. 音質改善事例　*46* ／ 6. まとめ　*48*
2.3　事例の解説　*48*
2.4　次の官能評価に向けて　*52*

2.5　構造方程式モデリング　*59*
　■第2章の参考文献　*74*

第3章　評価用語としてのオノマトペ……………………………… *77*
3.1　はじめに　*77*
3.2　事例の紹介　*82*
スキンケア化粧品とオノマトペ評価　*82*
1. はじめに　*82* ／ 2. 実験　*84* ／ 3. 結果および考察　*85* ／ 4. 結論　*90*
3.3　事例の解説　*91*
3.4　次の官能評価に向けて　*95*
3.5　おわりに　*97*
　■第3章の参考文献　*97*

第4章　質的データの数量化　双対尺度・対応分析・数量化Ⅲ類 … *99*
4.1　はじめに　*99*
4.2　事例の紹介　*100*
スパイスの評価用語の選定　*100*
1. はじめに　*100* ／ 2. 評価方法　*100* ／ 3. 評価結果　*102* ／ 4. 考察　*106*
／ 5. おわりに　*108*
4.3　事例の解説　*108*
　■第4章の参考文献　*113*

第5章　アンケート調査と多変量解析……………………………… *115*
5.1　はじめに　*115*
5.2　事例の紹介　*115*
Middle Age の食生活と嗅覚感度について　*116*
1. はじめに　*116* ／ 2. 評価手順　*117* ／ 3. 結果　*118* ／ 4. 考察　*124*
5.3　事例の解説　*127*
5.4　おわりに　*132*
　■第5章の参考文献　*133*

第6章　一対比較 ……………………………………………………… 135

- 6.1　はじめに　*135*
- 6.2　事例の紹介　*139*

  逐次型一対比較法実験（対象が多い場合の一対比較法実験）　*139*

  1. まえがき　*139* ／ 2. 考え方　*140* ／ 3. 実験の手順　*140* ／
  4. 適用例　*142* ／ 5. その他の応用　*144*

- 6.3　事例の解説　*144*
- 6.4　一対比較の新たな分割・分担法　*145*
- ■第6章の参考文献　*148*

第7章　時系列解析（TI法）………………………………………… 151

- 7.1　はじめに　*151*
- 7.2　事例の紹介　*152*

  ストレス状態における味の感受性評価　*153*

  1. はじめに　*153* ／ 2. 方法　*153* ／ 3. 評価手段　*155* ／
  4. 結果および考察　*156* ／ 5. まとめ　*158*

- 7.3　事例の解説　*159*
- 7.4　TI法とはどのような手法なのか　*163*
- 7.5　TI法の具体的実施手順　*164*
- 7.6　次の官能評価に向けて　*171*
- 7.7　おわりに　*174*
- ■第7章の参考文献　*174*

第8章　閾値測定、識別試験 ……………………………………… 177

- 8.1　はじめに　*177*
- 8.2　事例の紹介　*178*

  味わいと味覚　*178*

  1. はじめに　*178* ／ 2. 実験方法　*179* ／ 3. 結果　*182* ／ 4. 考察　*184* ／
  5. おわりに　*185*

- 8.3　事例の解説　*185*

8.4　次の官能評価に向けて　*188*
■第8章の参考文献　*195*

索　引　*199*

序章　官能評価とは

1. 官能とは

　五感を通して、人は外界の世界を受け止めている。視覚、聴覚、味覚、嗅覚、そして触覚が、通常五感とよばれている。触覚は、広義と狭義とで使い分けられている。狭義は、まさにものが身体の表面に触れたときの感覚であり、広義は、食物が胃に入ったときの内臓感覚や身体の動きなどに関する体性感覚なども含んでいる。

　「官能」はこれらの感覚器官の働きであるが、人が外界と接したときに感じる五感は、すべて意識されているわけではない。その特定の側面を意識することで、ものを受け止めている。官能の結果として外界を受け止め、そのものを意識することになる。

　意識されたことは、言葉で表現される。この表現は、五感に関わる表現語であり、「明るい」や「甘い」などである。このような表現によって、そのものの物理属性との対応をつけることができる。視覚として目に入る光量による明るさの表現や、味覚として舌に触れた甘味料の程度による甘さの表現である。官能評価は、人の感覚によって製品を評価することであり、人がその製品をどのように受け止めているかを明らかにしようとしている。

　したがって、官能評価では、「ひと」、「もの」、「こと」の三者関係を扱うことになる(**図表1**)。「ひと」は評価者(官能評価では評価者をパネリスト、その集団をパネルとよぶ)であり、「もの」は評価対象としての試料であり、「こと」は表現語としての評価内容である。当然、「もの」は、五感に対応した多様な物理属性から構成されている。

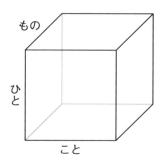

図表1 「ひと」、「もの」、「こと」の三者関係

　図表2のように、「試料がもつ多様な物理属性 a_i に対応するように感覚印象（感覚 p_i）が形成され、そのものの全体的印象が構成され、ある特定の表現型を通して、表現語で評価されている」と考えることができる。おそらく、感覚印象の形成から表現されるまでは、心の中で無意識のうちに進行している内的過程であろう。表現語で評価されて初めて、そのような感覚を感じていたということを意識することもある。このように「もの」を受け止めるということは、五感を通した無意識的な多感覚情報処理ではあるが、その処理を受けて、官能評価ではある特定の表現型にもとづく意識化を、パネリストに要求している。

　このように考えると、言葉で表現された官能評価結果は、ものを受け止めた

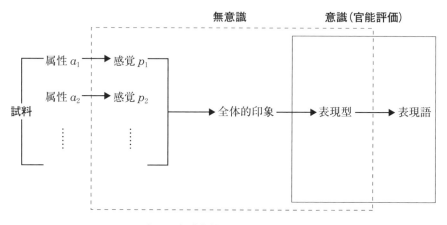

図表2　多感覚情報処理と官能評価

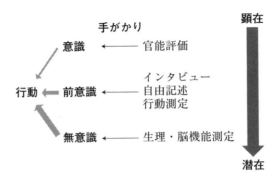

図表3　行動を規定する潜在性と顕在性

内容をすべて表現しているわけではなく、多くの無意識の内容を潜在的に内包していると考えることができる。もちろん、このような無意識的な側面が、ものの受け止め方に影響していることは無視できない。無意識としての潜在性と、言葉で表現された意識的で顕在的な側面とを考えると、**図表3**のように表されるであろう。

　言葉で表現しきれない無意識の部分は、通常の官能評価結果の分析だけに頼っていては見える化できない。意識できる側面（言葉で表現できるもの）と、意識できない潜在的な側面（無意識）と、さらにその間に位置する前意識とを考えることができる。前意識は、後で振り返って努力すれば気がつく側面である。自分の行動を振り返る努力をして思い起こしてみたりして、意識される側面である。無意識の側面は、生理・脳機能測定を手がかりとして推測することがある程度できるであろう。**図表3**の行動への矢印は、意識・前意識・無意識の順で太くしてある。顕在的に意識されていることよりも、潜在的な側面の方が行動を規定していると考えられる場面が多々ある。

2. 評価手法

　官能評価手法は、対象とする試料の数と、どのような評価が要求されているか、つまり**図表2**であれば表現型の内容と、評価の仕方、評価側面の数によって、大別することができる。

試料の数では、単一の試料と複数の試料で分けることができる。1つの試料に対する評価は、絶対評価である。食品であれば、ある物を食べて、そのおいしさを評価する場合である。この事態を考えてみると、少なくても「どのような食品をおいしいといえるのか」という基準を心のなかにもっていないと、このような絶対評価はできない。この絶対評価の基準がおいしさのその人なりの内的基準(Internal Criterion)である。複数の試料の場合は、基本的に比較をすることで評価が行われている。2つの食品を食べ比べて、「どちらがおいしいか」という場合である。これは、比較評価とよばれる事態である。この事態であっても、各食品のおいしさが内的基準から評価されて、2つの評価結果の差分によって、比較評価がもたらされていると考えることもできる。
　表現型であるが、これは、「人が試料と接したときに、それをどのように受け止めればよいか」という評価の構えの問題である。通常の官能評価では、その試料を構成している特定の品質に着目して分析的に評価する場合と、その試料を総体としてどのように受け止めているかを評価する場合とを、区別している。前者は分析型官能評価であり、後者は嗜好型官能評価である。総体としての受け止め方の代表として好みを想定しているので、嗜好型とよばれている。もちろん、使いやすさや心地よさなど、好み以外の評価側面も含まれる。このように、評価実験者が、パネリストにどのような評価を要求するかによって、分析型と嗜好型に分かれる。
　分析型は、品質をもたらしている物理属性に直結した評価側面をもち、嗜好型は物理属性の複雑な関係性の下で意識される評価側面をもつ。図表4は、物理属性にもとづく個別評価と、これらが組み合わされてもたらされる総合評価、そしてこの間に位置する中間評価という、物理属性をベースとした評価の階層性を示したものである。
　例えば、物理属性としての「甘味料」に対応する個別評価としての「甘さ」を考えることができる。そして、これに加えて「歯ごたえ」などの他の個別評価が組み合わされて、中間評価としての「高級感」が存在する。さらに、複数の中間評価から、「好き」という総合評価が構成されている。
　次に、評価の仕方であるが、複数の試料が存在するときには、例えば食品では、「どちらがおいしいか」という試料の選択によって評価がもたらされる場

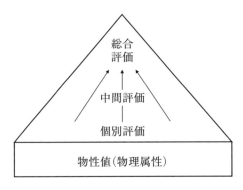

図表4　評価の階層性

合がある。さらに、「どの程度おいしいのか」という程度の判断が要求される場合もある。これは、1つの試料の場合でも可能である。さらに、複数の場合には、おいしさの程度に応じて順位付けすることもできる。

　程度を評価する場合、「どれくらい細かく程度を評価できるか」という問題がある。程度を評価する一般的な方法は、評定法あるいは評定尺度法とよばれている。おいしさであれば、例えば、「おいしくない」、「少しおいしい」、「おいしい」、「かなりおいしい」、「非常においしい」のように、5段階の評定法が使われる。もちろん、10段階、20段階と、段階を増やすことは可能であるが、果たしてパネリストが多くの段階数に対応できるのかが疑問となる。5段階を考えてみると、各段階を区別するために、4つの内的基準を常に心のなかにもっていないと、この評価はできない。20段階であれば、19の基準ということになる。これは、人の短期記憶の容量からすると、あまりにも大きな数である。短期記憶の容量には限界があり、このことを考えると、自ずと段階数には限界が存在する。この限界は、段階数だけではなく、試料の数にも同様に当てはめることができる。7つの食品のおいしさの順番をつけることはあまり難しくはないが、20の食品の順番を一度につけることはかなり難しい作業となる。

　さらに、評価側面の数であるが、一度に試料の1つの側面しか評価を要求しない場合と、継時的に複数の側面の評価を求める場合とがある。2つの飲料を飲み比べて評価する場合、「のど越し」のみの評価が要求される場合と、「苦味」も「舌触り」も複数要求される場合がある。これが、評価側面の数である。

図表5　代表的な官能評価手法

手法	試料数	仕方	側面数	コメント
識別試験法	基本2つ	選択	単数	評価側面の物理量のどの程度の違いがわかるか
配偶法	複数2組	選択	単数	識別能力を調べる
分類法	多数	選択	単数	決められたカテゴリーで試料を仕分ける
順位法	複数	選択	単数	評価側面の程度に応じて試料を並べる
格付け法	複数	選択	単数	決められた順位をもったカテゴリーに試料を分類する
採点法	複数	程度	単数	格付け法に似ているが分類の代わりに点数をつける
等級付け	複数	選択	単数	特定の側面で試料の重み付けを行う
記述的試験法	1つより	選択	複数	その試料を表現するのに適切な評価語を選定する
定量的記述的試験法	1つより	程度	複数	記述的試験法で決まった評価語に段階に応じた点数を与える
一対比較法	3つ以上	選択か程度	単数	比較でしかわからないようなわずかな違いを数量化する

　第1章以降では、種々の手法が取り上げられている。対象とする試料の数と、表現型の内容と、評価の仕方、評価側面の数という4つの視点で、各手法を考えてみると、その手法を理解する手助けになるであろう。図表5は、表現型の内容以外の3つの側面で、『JIS Z 9080：2004　官能評価分析—方法』[6]と『官能評価士テキスト』[5]で述べられている主な官能評価手法を分類したものである。表現型の内容に関しては、評価実験者の目的に応じて、ほぼどの手法でも対応可能である。

3. 統計を使う意味

　官能評価は、図表1のように「ひと」、「もの」、「こと」の三者関係で成り立っている。「ひと」が「もの」と接したときに、その結果を「こと」で表現

することになる。評価は、基本的に「ひと」によってなされるため、その結果には常に個人差としての違いがあり、官能評価ではこのことを避けて通ることはできない。個人差には、個人間の差と個人内の差とがある。同じ試料に接しても、「ひと」の間で評価結果が異なるように、AさんとBさんの違いとしての個人差が個人間差である。個人間差に着目すると、同じ結果をもたらすパネリストのまとまりを考えるという見方が出てくる。このまとまりには、何らかの共通項があるという考え方であり、性別や収入などの明確な違いを表すフェイス項目を手がかりにしてこの共通項の存在を前提として、パネリストのグループ化をすることになる。

個人差のもう1つの側面に、個人内差がある。同じパネリストで、官能評価実験の条件が同じであっても評価結果が異なったり、日によって変動したりということがある。個人内差をなるべくなくすために、いろいろな努力がなされている。例えば、専門パネルの養成が行われている。専門パネルは訓練によって化粧品のファンデーションの「膜厚感」について、わずかな違いであっても正確に検出できる人が、いわゆる専門パネルである。この場合、「膜厚感」がどのような感覚上の特性を意味しているのかを判断できる明確な内的基準をもっており、さらにこの特性について高い感受性をもっているという、2つの側面が同時に備わっている必要がある。感受性についても、膜厚感の強さの違いを判断する内的基準が必要である。このような2つの側面の内的基準を最初からもっている人はまれであり、訓練によって専門パネルが養成される。つまり、訓練をすれば、個人内差を少なくすることができ、さらには共通の基準をパネリスト間で保持することで個人間差をも少なくすることができるということになる。

多くの訓練によって個人差を少なくするということは、通常「Noise Free Situation」とよばれている。また、実験の際に、適当な時間で休憩を入れて、疲労の増加や注意の減少を避けるようにすることも重要である。これらの努力は、個人差を限りなく0にしようとしているが、完全に0にすることはできない。

データとして得られた評価結果には、このように個人差としての変動要因が常につきまとっている。官能評価で頻繁に統計を使うのは、この個人差の問題

を避けて通れないからである。さらに、使用した試料にも、品質上の変動がどうしても出てくるので、試料自身の変動要因も存在している。結果を他者に伝えやすくするために、また説得力をもった説明をするために、統計を使うと考えている人は多い。しかし、本当は個人差を主とした変動要因が存在するゆえに、統計を使わざるを得ないのである。

通常、評価結果は、その結果の真値と誤差との和によって成り立っている、と考えることができる。誤差によって結果は変動する。誤差は、その平均が0になるものであると定義されている。前述のように変動の主因が個人差であるので、誤差が個人差ということになる。つまり、多くの人の個人差を反映した結果を集めて平均を計算すると、誤差が0に近づき、より精度の高い真値を得ることができる。

このことを、式で表現すると、結果を r、真値を a、誤差を e とし、n 回（あるいは人）の結果が得られたとする。

$$r_1 = a + e_1$$
$$r_2 = a + e_2$$
$$\vdots$$
$$r_n = a + e_n$$
$$\sum_{i=1}^{n} r_i = na + \sum_{i=1}^{n} e_i$$

この平均は、以下のようになる。

$$\frac{1}{n}\sum_{i=1}^{n} r_i = \frac{na}{n} + \frac{1}{n}\sum_{i=1}^{n} e_i$$
$$= a$$

なお、誤差の平均は0になるので以下のようになる。

$$\sum_{i=1}^{n} e_i = 0$$

官能評価結果として得られる値は、一様ではない。度数による頻度データであったり、順序データであったりする。得られるデータの種類を考えると、以下の4種を考えることができる。

名義尺度（Nominal Scale）での値は質的データであり、頻度で表わされる。

これは、単にグループ分け(分類)の便宜上の値でしかないものである。性別では、性という属性に対して男性「1」・女性「2」のラベルを貼りつけたもので、対象を分類するための名前としての意味しかもたない。他に、血液型、赤組や白組などと分けて、数字を割り振る場合も、名義尺度である。

順序尺度(Ordinal Scale)は、順序をつけることによって得られた値であり、名義尺度の特徴に、方向性が加わったものである。1番・2番あるいは1位・2位などの順位や、良品・保留・不良品といった評価などが挙げられる。

間隔尺度(Interval Scale)は、順序尺度の特徴に間隔(距離)の概念が加わったものである。順序尺度では、1位と2位との差の「1」と、2位と3位との差の「1」とは、同じ1であっても意味が異なる。ダントツの1位と、僅差の2位と3位のような場合である。しかし、10℃と20℃の差の10度と、70℃と80℃の差の10度とは等しく、等間隔性が担保されている必要がある。このことによって、間隔尺度では数値の加算性が保たれている。

比例尺度(Ratio Scale)は、間隔尺度の特徴に原点としての0点の概念が加わったものである。長さ(cm)や重さ(g)などが挙げられる。重量が存在しないゼロ点が0gであることから、重さは比例尺度である。比例尺度は尺度水準のなかで最も上位のものである。官能評価でこの尺度の値が得られることはほとんどない。唯一、マグニチュード推定法によって得られた値が対応する。この方法は、例えば、ある重さの重りを持ってこれを"100"としたときに、別の重りを2倍の重さと感じれば"200"と、1/2と感じれば"50"と、比例的に表現する方法である。

得られた値の種類を踏まえて、そのデータが意味するところを伝える必要がある。種類によって、数値の取り扱い方が異なるために、使える統計が決まってくる。名義尺度では、χ^2検定などの検定が使われる。順序尺度では、中央値を求めることや順位相関などの分析ができる。間隔尺度では、四則演算によって平均や標準偏差を求めることができ、また、ピアソンの相関係数による分析や、種々の検定が可能である。比例尺度であれば、幾何平均を求めたり、数値変換を行うことが可能である。

4. ものづくりでの役割

　官能評価は、伝統的に受入検査と出荷検査で使用されてきた。もちろん、この種の検査は、理化学機器としてのセンサーによる検査が基本であるが、これでは対応できない場面が多々ある。どうしても、パネルの官能に頼らざるを得ない場合がある。さらに、センサー開発にも、官能評価の結果が反映されることがある。官能評価の結果を踏まえて、センサー内容が特定され、これに応じた理化学機器の設計が行われることになる。また、ものづくりの現場では、製造ラインの節目で官能評価が行われている。ある製造ラインで3回の官能評価を行わなければならない場合、3名のパネリストとそれなりの時間が必要となる。これを、官能評価のやり方を工夫して2回にまとめることができれば、1名の人員削減となり、時間も少なくて済む。これが、工程縮減であり、製造コストの削減に寄与することになる。製造現場での官能評価の使われ方としては、このような受入検査、出荷検査、工程縮減、センサー開発が主なものとなる。

　工場で製品をつくる際には、仕様書あるいはレシピなどの製造手順が確定していなければならない。このためには、「品質構成をどうするか」を決める設計品質化が必要となる。この場合、「どのような物理属性でその値をどの程度にすればよいか」ということが決まっていなければならず、このために官能評価が使われることがある。つまり、ある特定の品質構成の根拠となるデータが、官能評価で得られることになる。

　本来、官能評価は、「もの」としての試料が存在していなければならない。しかし、目に見える「もの」が存在してはいないが、印象のような目に見えないが存在を明確に意識できる「もの」に対しても、官能評価が力を発揮することができる。例えば、「目に見えないブランドをどのように構成して、次の製品開発にどのように反映させていけばよいか」を分析するブランドマネジメントでは、「消費者がブランドをどのように意識しているか」を官能評価の手法を使って測定することが可能である。また、消費者のニーズやシーズの発掘にも、官能評価手法は効果を発揮する。このことによって、今後の製品開発の新たなコンセプトが明らかになる。

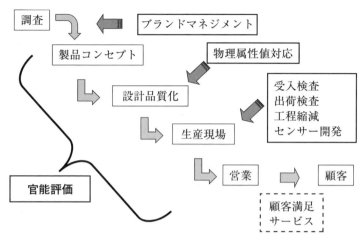

図表6　官能評価の全体像

「目に見えないもの」という視点では、営業活動やサービスの質、さらに企業活動全体としての満足度など、今後多様な展開が、官能評価の可能性として考えることができる。

これらの全体像を図示すると、ものづくりの上流から下流までのすべての節目に、官能評価が関わっていることがわかる（**図表6**）。従前の官能評価が担ってきた「もの」の評価から、製品化全般に関わる手がかりを得るための手法として、官能評価を位置付けることができる。

■序章の参考文献
[1]　大越ひろ、神宮英夫編著(2010)：『食の官能評価』、光生館
[2]　神宮英夫(1996)：『印象測定の心理学』、川島書店
[3]　神宮英夫(1999)：『はじめての心理統計』、川島書店
[4]　神宮英夫編(2011)：『感動と商品開発の心理学』、朝倉書店
[5]　日本官能評価学会編(2009)：『官能評価士テキスト』、建帛社
[6]　日本工業標準調査会(審議)：『JIS Z 9080：2004　官能評価分析―方法』、日本規格協会
[7]　日本工業標準調査会(審議)：『JIS Z 8144：2004　官能評価分析―用語』、日本規格協会

第1章 QDA法

1.1 はじめに

　市場における多くの製品の差別化が、機能性、安全性の面で難しくなっている今日、消費者が製品に触れたとき、使ったときに引き起こされる知覚を把握し、好みと一致させることは、企業の製品開発において重要なテーマである。製品がもつ官能的な特性(または特徴)の評価手法の一つとして、Quantitative Descriptive Analysis(QDA)法が40年にわたって利用されている。

　QDA法は、1974年に食品科学者のStoneと心理学者のSidelによって人間行動を測定、研究した結果、生まれた記述分析法で、官能特性に関して日常的に使う用語で記述し、同意形成された系統的な手順で定量的に評価する[1]。製品間の相違性の有無だけでなく、どのような特徴がどのくらい異なるかを数値として示すことができることから、世界各国における製品開発において幅広く適用されている。

1.2 事例の紹介

　本章では、1997年12月に開催された「第27回　日科技連官能評価シンポジウム」における発表演題「ヤマハ発動機における感性と技術を融合させる新しい試み」(水野康文：ヤマハ発動機㈱)を取り上げつつ、QDA法の概念と進め方を概説する。感覚的メリットとして消費者に訴求すべきポイントは、二輪車であれば走り感であり、食品であれば風味や食感、化粧品であれば色合いや肌触りなどだろう。このように製品カテゴリーごとによって訴求ポイントは異なるが、QDA法の基本プロセスはあらゆる分野に適用できることを解説する。

ヤマハ発動機における感性と技術を融合させる新しい試み
—二輪車の『走り感』開発における官能検査技法の適用—

1. はじめに

　近年開発される二輪車は、機能的・性能的にはほぼ完成されており、過大な振動や加速力不足などの欠点は少なくなってきている。したがって、消費者が二輪車を選択する基準も最高速度やゼロヨン（停車時から、400m 加速するのに要する時間）などの数値性能から、スタイリングや乗り味などの感覚的な性能を求める傾向に変わりつつある。

　このような背景のもとで、当社では、91 年から、人間の感覚そのものを科学する技術の獲得を目的とした、専任の研究チーム「ヒューマノニクス（human と抽象化のためのギリシャ語の接尾語"onics"を合成した当社独自の造語）研究グループ」が発足した。当研究グループでは、マン・マシン・システムを最適化するために人間工学、生理学の手法を応用した基礎的な研究が進められており、このなかのテーマの一つとして感覚性能を向上させるための基盤となる感性の定量化手法の開発が挙げられている。

　感覚的な性能のなかでも、走りの個性は商品性を左右する重要な感覚性能の一つである。さらに、走りの味を決定するエンジンに関しては、法的な馬力規制もなされていることから、個性ある走りの味を効果的に造り出すための方法論の確立が望まれている。

　本稿では、当研究グループの研究成果のなかから、官能検査技法を用いて走りの味を定量的に捉えるための研究事例を紹介する。

2. 二輪車開発における官能評価技法の役割

　二輪車の機能や性能を造り込むためには、馬力、最高速、ゼロヨンといった具体的な数値目標の設定が可能である。ところが、走りの味、すなわち『走り感』のように、その評価が、人間の感性によってなされるものに対しては、対象があいまいであるがゆえに明確な目標を設定することは困難である。レース

専用車のように、一人のスーパーバイザーのもつ感性にすべてを依存して、一台のスペシャルバイクを造り上げる特殊な場合であればともかく、量産車の場合は、複数のエンジニアのチームで開発が進められるため、『走り感』の開発目標を数値的に捉え、その目標をメンバー全員が共有することが必要となる。

そのためには、経験にもとづく個人の感性を定量化する手法の確立が望まれるが、これだけでは理想の『走り感』を造り出すことはできない。重要なのは、開発者自身が顧客に感動を与えるような「感性」を持ち合わせていることである。開発者がこのような感性を持ち合わせいなければ、感性を定量化しても、適切な目標値を設定することはできない。当社の場合、「こういうバイクが欲しい！」という夢を原点に、開発者全員のイメージと技術ノウハウを組み合わせて開発目標を設定している。このプロセスが顧客に感動を与える商品を開発するために最も重要な点であり、開発者の「感性」を発揮すべき部分である。また、開発者が評価に対応した造り込み技術を保有していることも重要なポイントである。評価の結果をコントロールするためには、目標とすべき官能評価値へチューニングする技術をノウハウとして貯えていることが必要である。

このような背景から、当社では、官能評価技法と技術を融合させることを目標に新しい技術開発に取り組んでいる。本稿では、筆者が91年から93年までに取り組んだ「感性の定量化技法の研究」のなかから、『走り感』を定量化するための手法開発、ならびにこの手法の新製品(400ccスポーツタイプ二輪車／XJR400)開発への適用について紹介する。

3. 定量化手順

図表1.1に定量化の手順を示す。本手法は、走りのコンセプトに合わせて適切な評価用語を選択する「評価用語選定プロセス」と個人差を補正し、『走り感』を定量化して、それを視覚化する「定量化プロセス」から成る。

3.1 評価用語選定プロセス

3.1.1 感性用語データベースの作成

「メリハリ」、「キビキビ」、……。我々は『走り感』をこのような「言葉」で

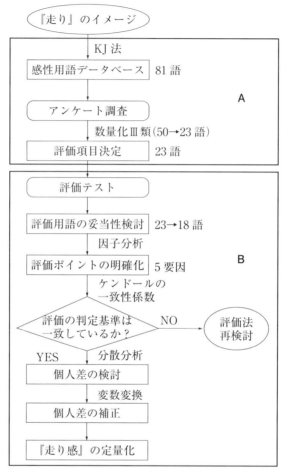

A：評価用語選定プロセス
B：定量化プロセス

図表 1.1　『走り感』定量化プロセス

表現する。したがって、定量化に当たっては、まずこれらの言葉のなかから適切な用語を取捨選択することが必要となる。そこで、二輪車専門誌、社内レポートから『走り感』を表現する言葉を収集し、それらを KJ 法で整理して 81 語から成る「感性用語データベース」を作成した。

3.1.2 評価用語の選定

最初に、開発スタッフ24名を対象に、このデータベースを用いて、走りのコンセプトに関するアンケート調査を実施した。次に、この結果を数量化Ⅲ類で解析し、走りのコンセプトに対する開発スタッフの考え方を「距離」という定量値で捉えた。そして、多くの開発スタッフが共通して抱いている領域を「共通イメージ領域」と定義し、この領域を表現するのに必要な23の用語を評価用語とした（図表1.2、図表1.3）。

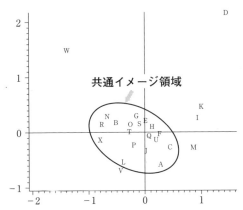

図表1.2　共通イメージ領域（A～Xは開発スタッフを表す）

図表1.3　選択された評価用語

---

1. 吹き上がりのパワー感
2. 発進加速時の力強さ
3. 下から上の吹き抜け感
4. 6速5000rpmの力強さ
5. 4～6速走行時のトルク感
6. レスポンスの鋭さ
7. 吹き上がりの鋭さ
8. 発進のスムーズさ
9. 6000rpm以上の伸び
10. 低速での粘り
11. 吹き上がりの軽快感
12. 登り坂でのトルクの厚み
13. スロットル開度に対する出力のリニア感
14. 6000rpmからの吹き上がり感
15. パワーの出方の強烈さ
16. 急開時のつきの良さ
17. エンジン回転上昇時の軽さ感
18. 5～6速のスロットルオンオフ時のつき
19. トップエンドの伸び
20. エンジンの吹けの良さ
21. 加速時のストレス感
22. メリハリが有る走り感
23. エンジン回転上昇時の気持ち良さ

3.2 評価用語選定プロセス

走行実験担当者 6 名を対象に、競合車 4 モデル、試作車 3 モデルを用いて、当社テストコースにて、**図表 1.3** に示す 23 項目の評価用語について、5 段階評定法による官能評価を行った。走行条件は、一般路を想定しての自由走行とした。

3.2.1 評価用語の妥当性検討

同一サンプルを複数のパネルが評価した場合、評点にばらつきを生ずるのは、提示した評価用語の意味があいまいであるために、その意味の捉え方が各人各様であることが原因と考えられる。したがって、そのような項目は評価用語としてふさわしくない。そこで、各評価用語に対し、サンプルごとの標準偏差を算出し、その値の大小から評価用語としての妥当性を検討した。その結果、23 項目中 5 項目(**図表 1.3** の 3、14、21、22、23)についてはパネル間でばらつきが大きいため評価用語として不適切だと判断し、残り 18 項目について以下の解析を行った。

3.2.2 評価ポイントの明確化

ここでは、因子分析を使って 18 項目の評価用語の相関係数から評価のポイントを明確にし、評価指標を抽出することを考える。ところが、得られたデータは、**図表 1.4** に示すように、「パネル×サンプル×評価用語」の 3 相データとなっているため、このままでは解析できない。一般に、専門パネルによる分析型官能評価の場合は、パネルの評価が同一の正規分布に従うという仮定のもとでパネルを算術平均し、「サンプル×評価用語」に対しての分析を行う場合が多い。ところが、『走り感』のようにパネルが評価にどの程度影響を及ぼしているか不明な場合は、この方法はとらないことが報告者の研究結果から明らかになっている[2]。そこで、**図表 1.5** に示す "『走り感』決定モデル" を仮定し、サンプルとパネルの要因を同時に捉えることにした。そのために、「サンプル×パネル」を対象に、18 項目の評価用語の因子分析を行った。その結果、**図表 1.6** に示す 5 つの「走りの評価指標」が抽出された。

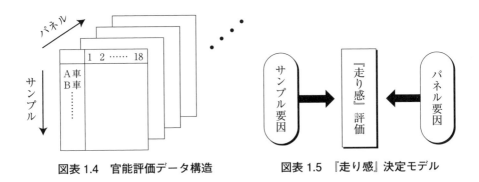

図表 1.4　官能評価データ構造　　図表 1.5　『走り感』決定モデル

図表 1.6　走りの評価指標

評価指標	具体的現象
RESPONSE	5〜6速でスロットルを急に開けた際の追従性が良いか？
TORQUE	低回転時(2000〜4000rpm)の粘り、および登坂路で力強さを感じるか？
LIGHT	加速時、およびエンジン回転が上昇する際に「軽さ」を感じるか？
POWER	パワーの出方が「強烈」か「マイルド」か？
SMOOTH	発進がスムーズか？

3.2.3　評価結果の一致性の検討

　抽出された5つの評価指標各々に対して、6名のパネル間の評価の一致性をケンドールの一致性係数 W を用いて検討した。W はパネルの判定基準が一致しているか否かについて調べるために使われるもので、0と1の間をとり、判定基準が完全に一致したときに1となる。W は順位データについての扱いのため、因子分析して得られた因子スコアを順位データに変換して W を算出した。**図表 1.7** に W の算出結果を示す。

　この結果、「TORQUE」、「LIGHT」は高度に、また「POWER」、「SMOOTH」もほぼ一致していることがわかる。ところが、「RESPONSE」の一致性は極めて低い。その原因としては以下のことが考えられる。

- 「RESPONSE」という特性値は走行条件(エンジン回転数、使用ミッションなど)の微妙な違いに対し、大きく変動する。すなわち、走行条件に対する感度が非常に高い特性値である。

図表 1.7　評価の一致性検討結果

評価指標	W	F 値	$Pr > F$
RESPONSE	0.07	0.4	0.780
TORQUE	0.43	3.8	0.033
LIGHT	0.71	16.8	0.003
POWER	0.28	1.9	0.170
SMOOTH	0.32	2.4	0.110

- 「RESPONSE」という用語に対する定義が各人異なる。

したがって、「RESPONSE」を評価指標として用いるには、走行条件の適正化、および用語の定義の明確化などの対策であることが指摘された。

3.2.4　個人差の補正

評価指標を抽出する際、『走り感』の評価はパネル、サンプルの 2 要因から成り立っているモデルを仮定した(**図表 1.5**)。ここでは、個人差が評価結果に与える影響を知るために、評価がパネルとサンプルで決定されているというモデルを仮定し、分散分析を行った。

その結果、**図表 1.8** に示すように、「RESPONSE」からはモデルの優位性が認められない($p = 0.5894$)ことが確認された。これは、3.2.3 項で検討したパネル間の致性が極めて低いことが原因である。また、「TORQUE」、「SMOOTH」については、個人差が結果に影響を与えていることが明らかになり($p < 0.03$)、個人差を補正することの必要性が示された。そこで、因子スコアをパ

図表 1.8　分散分析結果(p 値)

評価指標	モデル	パネル	サンプル
RESPONSE	0.5894	0.2638	0.8425
TORQUE	0.0001	0.0268	0.0001
LIGHT	0.0001	0.5722	0.0001
POWER	0.0006	0.8962	0.0001
SMOOTH	0.0006	0.0016	0.0174

ネルごとに基準化し、個人差を補正した。

3.2.5 『走り感』の視覚化

最後に、以上のプロセスから得られた定量値をスターチャートを使ってグラフィック表示し、『走り感』を視覚的に捉えるようにした。

4. XJR400『走り感』開発への適用

4.1 競合車の走り感の現状分析

図表 1.9 は、今回開発した手法を用いて競合車の『走り感』を視覚的に捉えたものである。

これより、以下のことが読み取れる。

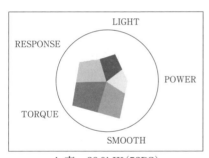
A 車　38.9kW(53PS)

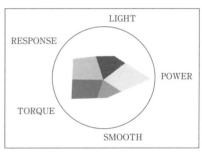
B 車　43.3kW(59PS)

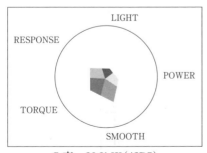
C 車　30.8kW(42PS)

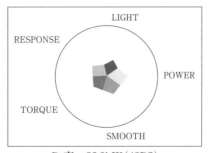
D 車　33.8kW(48PS)

図表 1.9　競合車の『走り感』

1) A車は低速での粘り、力強さがあり、発進がスムーズ。
2) B車は強烈なパワー感を感じる。
3) C、D車はA、B車に比べて絶対馬力が低いため、チャートの広がりが小さい。

以上のことにより、以下のことが考えられる。

a) 『走り感』はチャートの「形状」で決定される。
b) 絶対馬力が高くなるとチャートの広がり(面積)が大きくなる。

すなわち、『走り感』を造り込むということは、チャートの面積、すなわち、絶対馬力一定の下で、その形状を意図した形状に近づけることと解釈できる。

4.2 XJR400の『走り感』開発への適用

XJR400の開発の狙いの1つに「楽しい走り」が挙げられている。そこで、まず最初に、アンケート調査からライダーが要求する「走りの楽しさ」を定量化し、**図表1.10**に示す開発目標値を設定した。

図表1.11は試作車の『走り感』の変化を示したものである。

XJR-0では「LIGHT」(軽快さ)、「POWER」(体感パワー)が目標レベルに達していないことがわかる。そこで、この2点に的を絞っての造り込みが開始された。XJR-3Dでは「POWER」の向上を目標に造り込みを行った。原動機、吸排気系スペックの見直しを行った結果、6000rpm付近でトルク谷のあるエ

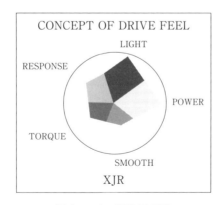

図表1.10　開発目標値

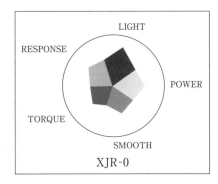

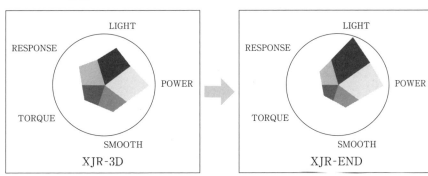

図表 1.11　試作車の『走り感』の変化

ンジン特性を採用することによって「POWER」を目標レベルに到達させることができた。XJR-3D に対し、XJR-END は「LIGHT」の向上を造り込み目標とした。MAP 制御点火チューニング、キャブセッティングのスペックを煮つめた結果、「LIGHT」は向上し、ほぼ目標どおりの『走り感』を造り込むことができた。

5. おわりに

　『走り感』を定量化、視覚化する手法、ならびにこの手法の商品開発への適用事例について、XJR400 の開発を例に紹介した。
　この手法によって、『走り感』、すなわち、走りの「味」という目に見えない

あいまいな現象を視覚的に捉えることができるようになったことにより、効果的な『走り感』の造り込みが可能となった。

このような技術をさらに発展させるためには、『走り感』の官能値と、エンジンの特性値などの物理特性値との関連性の調査が望まれる。

官能値を反省する物理的特性値が明らかになると、『走り感』に対する技術的考察が可能となり、より一層効果的な造り込みが可能になるばかりでなく、技術ノウハウの蓄積も期待できる。

1.3 事例の解説

1.3.1 パネリストの選抜

官能評価を行う際に必要な資源は、試験の承認と予算、適切なパネリスト、適切な評価手法、試験設備、および解析プログラムの5つであるが、なかでもパネリストと手法の選択は極めて重要である。QDA法においても、誰を使って試験をするかの決定は、誤った結果が導かれることを避けるためにも十分配慮すべきプロセスである。本事例では、開発者24名を使って、まず評価用語の抽出を行い、その後、走行実験担当者として選ばれた6名で評価を行っているが、その選抜基準には触れられていない。

Stoneは、「あらゆる母集団の約30%が自ら定期的に使用している製品の違いでさえ偶然以上の確率で識別できない」と述べている。もし、パネルのなかから識別感度に劣る数名が存在すると、結果としてβリスク(第二種の過誤)[1]が増え、実際には差があるかもしれないにもかかわらず、「差がない」と誤った結論を下してしまうこととなる[3]。

QDA法では、通常10〜12名でパネルを構築する。少ない(例えば5〜6名)と統計的な有意差が得にくくなり、前述したとおりβリスクを高める恐れがあ

---

1) 有意差の検定では、2種類の誤りを考慮する必要がある。有意差がない(帰無仮説が正しい)にも関わらず、有意差があると誤って結論づけられる(帰無仮説を棄却する)第一種の過誤と、その反対に本来有意差があるにも関わらず、有意差なしと帰無仮説を採択してしまう第二種の過誤である。

る。また一方で、あまりに人数が多いと、用語出しなどのトレーニングに時間がかかり、スケジューリングやグループワークの進行を難しくする。メンバーは、一般消費者から募集、選抜をすることが理想だが、社員を使うことも可能である。ただし、製品に関する技術的知識を有する社員は、実際に感じられたものよりも期待するものにもとづいて応答しやすくなるために、製品の情報や開発コンセプトを熟知している人に依存することを最小限にすることが大切である。

パネリストの選抜に際しては、事前アンケートを使って、各候補者が試験する製品をどのくらい使用しているか、社員であれば、どのくらい出席が可能かを把握することができる。その回答をもとに、識別試験を実施するが、その際は試験する製品カテゴリーを用いて1対2点識別法(2つの試料AとBを識別する際、AとBと同時にAまたはBのいずれか1つを標準品Sとして提示し、AとBのどちらがSと同じかを当てる方法)を行う。

準備するものは、製品のモダリティ(食品であれば、外観、香り、風味、食感など)ごとの違いを代表する試料のペアである。つまり、見た目の色が異なるペア、香りが異なるペア、口当たりが異なるペアなどである。試験する製品そのものを用いても構わないが、試料の一部の原料の種類や量を変更したものや、競合品を加えることもできる。

識別試験用の試料の選択は、製品開発者と行うが、その際に2つの注意点がある。1つ目は、あまりに識別が難しい試料ペアのみをつくらないことである。試験に参加する候補者のモチベーションを高めるためにも、識別試験で提示する試料のペアはできるだけ簡単なもの(100%の確率で正解が予想される組合せ)から開始し、徐々に難しいペア(50%以下の正解率を予想)に進めるためである。2つ目は、複数の感覚器間に相互作用が働くことを考慮し、特定のモダリティのみを評価するよりも消費者が知覚する可能性のあるあらゆるモダリティの違いについての試料を用意することである。識別試験は少なくとも2回の繰返しを行い、その正解率をもとに選択を行う。正解率の明確な基準は存在しないが、妥当なところで65%以上とし、そのなかでもより難しいペアの識別を正解した候補者を優先的に採用する。

1.3.2 QDA法のトレーニング

　パネリストの選抜を行った後、QDA法のトレーニングが開始される。一般的なトレーニングは、人の集中が持続できる時間や人の感覚疲労を考慮し1セッション約90分間とし、たいてい5セッションで行われる。ただし、経験を積んだパネルであれば、新しい試験のためのセッション数を減らすことができ、また一方では化粧品や苦味の強い試料などは、一度に評価できる試料数に限界があるため、その期間は延長される。

　人の記憶は、覚えることに関しては時間がかかるものの、忘却曲線の傾きは急である。そのため、トレーニングはできるだけ連続した日で行い、トレーニング後のデータ収集までに時間を空けないことが望ましい。

　最初の2セッションで、用語の開発を行い、3セッション目からスコアカードを準備し、線尺度を使った定量化の方法を学ぶ。4セッション目と5セッション目で用語の定義づけを完成させながら試験プロトコルの確立を行う。

1.3.3 用語の開発

　評価用語の開発は、パネルリーダーによって組織化され対話式に進行されるグループワークである。パネリストに官能特性の異なる2つの試料を順番に提示し、それぞれからもたらされる感覚を言葉で表し白紙に記入してもらう。それを1セッションでペアを変えて2回、合計2セッション行う。

　パネルリーダーの役割は、パネリストの試験参加へのモチベーションを喚起し、用語出しのプロセスを円滑に進めることである。パネルリーダーは、製品開発者が担うことができるが、パネルの一員として試験に参加することはできない。また、自らの意見を出してパネリストの話合いを誘導することは避けなければならない。

　パネリストは、製品に触れたとき、使用したときの感覚を消費者が使う用語で表現し、全員の前で提示する。パネルリーダーは、パネル全体の意見を平等に集約しながらリストを作成する。パネリストに研究員が含まれると、専門的な技術用語が出やすい傾向にあるが、それらは一般消費者には理解されづらい。そのため、試験結果を消費者に示すときに「専門用語の変換」が起こり、それと同時に「解釈の変換」が行われてしまう。そこで、始めから消費者が用

いる用語を選ぶことが重要である。また、好みに直接関係したり、複数の意味をもったりするような曖昧な用語も使用することはできない。

本事例では、「走り感」を表す言葉を二輪車専門誌や社内レポートから収集し、それらを KJ 法で整理した後、81 語から成る「感性用語データベース」を最初に準備した。そして、開発スタッフ 24 名による走りのコンセプトに関するアンケート調査を行い、その結果を数量化Ⅲ類で解析し 23 の評価用語を選び出す手法をとっている。数量化Ⅲ類は、説明変数がカテゴリーデータの場合に用いられる多変量解析手法で、ここでは 24 名のスタッフの多くが集約してプロットされる範囲を共通イメージ領域として定義し、その領域を説明するのに必要な用語を選び出した。

基本的に、QDA 法における評価用語は各パネリストによって生成され、その意味は用語を出したパネリストが説明をする。食品であれば、最初に 100 語以上集まることは不思議ではない。用語に定義づけをする必要があるのは、パネリスト全員が共有できるようにするためであり、かつ将来的に新しいパネリストが加わったときに、用語の引き継ぎをしやすくするためでもある。そして、最終的な用語の取捨選択や重複する意味をもつ用語の統合は、統計的な手法を利用するよりむしろパネルリーダーがファシリテーターとなりパネル内での話合いを促進させ、そしてパネルの同意によって決定される。統合された用語については、完全に省くのではなく、残された用語の定義のなかに加えておくと思い出すのに便利である。

1.3.4　リファレンスの使用

用語に関する話合いにおいて、特定の用語に関する定義やその違いを言葉で説明することが難しいとき、用語の特徴を明確にするためのリファレンス試料を提示することが有用となる。リファレンス試料は、製品中の原料から用いたり、製品中の原料の割合を変えて調製したり、また、市場の競合製品から選択したりすることが可能である。しかし、リファレンスが必ずしもすべての用語に関して存在するわけではなく、また尺度の目安として使われるものではない。同時にリファレンスの使用には、以下の点について注意を払うべきである。

- リファレンスは、市販品であることが多く、そこには変動要因がある。

つまり、リファレンス自体が変動する。そのため、リファレンスをもとに、自らの感覚を補正してはならない。

- リファレンスは、たいてい1つ以上の知覚をもたらし、パネルが議論している用語以外にも影響し混乱の原因ともなる。
- リファレンスを加えることで感覚疲労やトレーニング時間の増加が起こる。

リファレンスは2回目のセッション以降で使用し、そして本試験で用いることはしない。

1.3.5 線尺度の使用

本事例では、5段階の評定法を利用しているが、通常のQDA法では各属性の強度を記録するための手段として線尺度(**図表1.12**、Visual Analogue Scale：VAS)が用いられる。15cm相当の線の両端(10%内側)にアンカーをつけ、尺度の向きを明らかにする形容詞(「弱い」、「強い」または「柔らかい」、「硬い」など)を加えただけもので、線尺度上にそれ以上の目盛、または数値や特定のカテゴリーを示すことはしない。アンカーの数を増やすことによってパネリストの感度は低下し、また、尺度の位置を記憶しようと思うほどパネリストの判断は変動しがちである。そして、特定の数値は、ネガティブまたはポジティブの意味をもたせてしまいバイアスの増加にも繋がる。線尺度上に正解の位置(または不正解の位置)があるわけではなく、パネリストは自らの感度に従い、属性ごとに感じる強さの位置に印をつける。そして、左端から印までの距離がデータとして記録される。トレーニングではパネリスト個々が一貫した評価を行うことだけに焦点を当てる。異なる試料に繰り返し触れることで、パネリストは尺度の使い方に慣れ、自分自身の測定基準をつくり上げることができる。

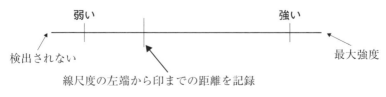

図表1.12　線尺度の使い方

1.3.6 試験プロトコールの完成

　トレーニング期間の後半では、スコアカードの作成、用語に関する整理、1回のセッションで提示する試料数(食品であれば6〜8検体)や一度に提示する試料量、提示間隔など試験プロトコールの完成を目指す。パネル内で強度や定義について意見の一致しない用語があれば、その話合いを深め、合意形成に努める。ただし、パネル内で強度の位置を合わせることを目的とするのではなく、2つの試料を提示したときの順序が一致しない(AとBの試料に関して、一部がAをBより線尺度の強い方向に印をつけたのに対し、残りがBをAより強いと判断した)用語について、その定義や尺度の使い方を再確認することに時間を費やす。また、パネルリーダーは、評価の仕方に関して統制を図らなければならない。例えば、ペットボトルに入った飲料の外観を評価する際、パネリストによっては斜めに傾けて見たり、あるいは光を当てて見たりする不規則な行いは、データの変動に影響する。

1.3.7 データ収集

　本事例では、「シーケンシャルモナディック法」(1製品を評価した後、その製品は取り除かれ、第2の製品を単独評価……を続ける方法)でデータを収集する。1つの試料とスコアカードを提示し、評価後にいずれも回収してから次の試料とスコアカードに進むのである。試料の提示順序は、複数刺激の順序効果を防ぐためにパネル内でランダマイズし、そして試験は繰返し(通常3回〜4回)を含む。繰返し試験は、分散分析における誤差項と交互作用(試料×パネリスト)を分離するために必須である。試験する場所は、必ずしも管理された官能評価室とは限らず、実際に試料を用いる場所(自宅、レストランなど)で実施することも可能である。

　本事例では、走行実験担当者6名によって、競合車4モデルと試作車3モデルを含む7台の二輪車を走行したときの「走り感」に関する23個の項目について5段階の評点をつけた。そして、パネル内で標準偏差が大きい項目は、評価用語の意味が曖昧だったとして、試験後に解析から除外された。

1.3.8 データ解析

　QDA法のデータ解析には、基本記述統計のほか、分散分析およびポストホックテストとして多重比較検定、主成分分析などが行われる。また、機器分析データが存在すれば、相関分析で各属性に関連する分析項目を求め、将来的にQDAの一部を補完するデータとして利用することが可能である。さらに、マーケティング部門では、QDAデータを嗜好データと結合しプリファレンスマップの作成なども行われている。

　本事例では、因子分析により18個の評価用語の相関関係から「RESPONSE」、「TORQUE」、「LIGHT」、「POWER」、「SMOOTH」の5つの指標を抽出した。その後、各評価用語のパネルの一致性を評価するうえで、因子分析から得られた因子スコアを順位データに変換してケンドールの一致性係数Wを算出し、「RESPONSE」以外の4項目に一致性を確認した。そして、一致性が低かった「RESPONSE」については、走行条件(エンジン回転数や使用ミッション)の微妙な違いに影響しやすく、さらに用語に対するパネリストごとの定義が異なったものと考察している。

　元来、一人のパネリストがすべての評価用語に関する違いを検出できることは期待されない。また、パネルが試料間の違いをすべての用語で検出することは期待されない。どの用語が十分理解されていなかったかを見つけ、次の試験前に再度ディスカッションを行うこと、そして繰返し試験を行うことで交互作用の効果がある用語、また、その原因となったパネリストを同定することがより現実的である。

1.3.9 パネルのパフォーマンスの評価

　パネルのパフォーマンスを評価する際、一元配置分散分析を利用し、属性ごとにパネリストの識別の感度を示すp値、繰返し評価の変動を示すCV Anovaを求める。図表1.13は、食品サンプリメントの試験を例に挙げ、"つや"に関するp値を横軸にCV Anovaを縦軸にプロットしたグラフであり、右下にプロットされるパネリストほどその属性の違いを識別しており、かつ評価の再現性が良いことを示す。例えば、製品に対するp値の最大を0.5としたとき、どのパネリストがどの属性について識別できていないかを判断することができる。

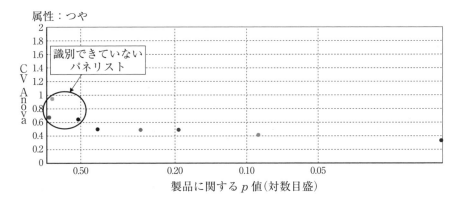

図表 1.13　パネルパフォーマンスグラフ

$$\text{CV Anova} = \frac{\sqrt{MS_{res}}}{\bar{x}}$$

- MS_{res}：特定のパネリスト、属性に関する一元配置分散分析の残差平均平方
- $\bar{x}$：特定のパネリスト、属性に関する全試料の平均スコア

1.3.10　交互作用の検討

試料間の差を結論づける際、交互作用の効果を知ることは、QDA法のみならず記述分析全般において本質である。繰返し試験をすることで、二元配置分散分析で誤差項と交互作用を分離することができる。交互作用には、相殺効果と相乗効果の2つのタイプ(**図表1.14**)があり、交互作用が有意であっても相乗

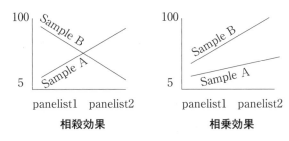

図表 1.14　交互作用の種類

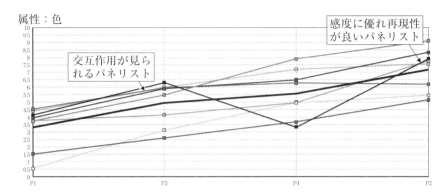

図表 1.15 特定の属性(色)に関するパネリストの平均スコアプロット

効果はそれほど問題とはならない。相乗効果は、属性に対するパネリスト間の感度の違い、または尺度の使い方の違いを反映し、それはトレーニングで排除されるものではない。一方、相殺効果は試料間の順位の違いを反映するのでより注意する必要がある。**図表 1.15** は、4つの試料(横軸)のスコア(縦軸)のつけ方において、一人のパネリストに相殺効果の交互作用が見られた例である。

1.3.11　分散分析と多重比較検定

本事例では、試料(転載論文ではサンプルとなっているが、以下、試料とする)とパネルの2つを要因として繰返しなしの二元配置分散分析を行った。「RESPONSE」以外の4つの評価指標で、試料の有意差($p<0.05$)が認められたが、「TORQUE」と「SMOOTH」にはパネルにも有意差($p<0.05$)が検出されたので、その影響を考慮することが必要となる。

ただし、パネルの効果が有意になることは決して珍しいことではない。前述したとおり、パネリスト間の感度や尺度の使い方の違いに依存するものであり、それをなくすためには膨大なトレーニングを要する。二元配置分散分析結果の一例を**図表 1.16** に示す。一般的に QDA データの分散分析には、試料を固定効果、パネルを変動効果とした混合効果モデルが利用される。パネルを変動効果として扱うのは、パネリストはトレーニングの有無に関係なく母集団か

図表 1.16　分散分析表の例（試料数 4、パネル数 9、繰返し数 3 の場合）

	自由度	平方和	平均平方	誤差に対して(A)		交互作用に対して(B)	
				分散比	p 値	分散比	p 値
試料	3	5551.09	1850.363	62.616	0	26.23	0
パネル	8	1991.75	248.969	8.425	0	3.529	0.008
交互作用	24	1693.032	70.543	2.387	0.001		
誤差	108	3191.5	29.551				

らランダムにサンプリングされたもので、結果をそのパネリスト群に対してではなく、より広い母集団に対して一般化したいためである。試料の分散比を求める際に、試料とパネルの交互作用がなければ誤差項の自由度と平均平方を用いることができるが（**図表 1.16 列 A**）、交互作用が有意のときは、誤差項の代わりに交互作用項の自由度と平均平方を使うこととする（**図表 1.16 列 B**）。**図表 1.16** では交互作用が有意であるので列 B の値を求めている。また、相乗効果の交互作用があるときは、スコアを順位に変換して解析することも 1 つの手段である。

　分散分析で試料の効果に有意差が見つかったとき、どの試料に差があるかを確認するために多重比較検定が行われる。多重比較検定には、Duncan、Newman-Keuls、Scheffe、Tukey(a)、Tukey(b)、LSD、Dunnett など多くの手法があり、それらの主な違いは第一種の過誤と第二種の過誤のどちらを重点的に保護するかの異なるフィロソフィーに由来する。この 2 つには、数学的な関係があり、いずれかが増加すればもう片方が減少する。しかし、この関係は回答数、製品間の差の大きさ、パネリストの感度と信頼性によって決定される。これらは、相互に置き換わるものではなく異なる結論を導くことがあるが、その選択は目的次第である。Stone は多くの製品開発の目的（原料の代替、コスト削減、目標品とのマッチングなど）を配慮し、第二種の過誤を最小化し実際には試料間の違いを検出されるリスクを少なくするべきと考え、Duncan の使用を推奨している。

　試料の特徴を表現する方法の 1 つは、属性ごとの p 値（有意である場合は、＊＊印などで表される）を伴う平均値のスパイダープロット（**図表 1.17**）であり、試料間で差別化される属性を明らかにすることができる。

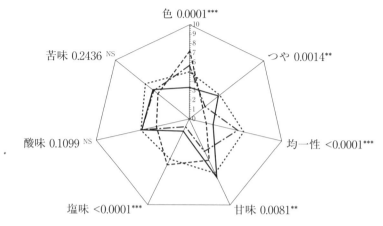

注） p 値（NS：5%で有意差なし ＊：5% ＊＊：1% ＊＊＊：0.1%）

図表 1.17 試料間の違いを明確にするスパイダープロット例

1.3.12 主成分分析

　スパイダープロットに加えて、試料の違いを視覚化するために利用される解析手法が、主成分分析である。主成分分析は、属性間の相関を利用してQDAデータに含まれる多くの情報を抽出、集約する方法で、新しい座標軸（通常2軸）上に試料を分類し、パネリストのパフォーマンスと属性との関係をよりよく理解することができる。**図表 1.18** のグラフは、パネルが4つの試料（Product1～4）を識別していること、なかでもProduct1（P1）とProduct4（P4）は類似しており、Product2は最も異なること、しかしながら、パネリスト8（J8）はProduct1（P1J8）とProduct3（P3J8）、Product4（P4J8）を明確に区別していない（丸で囲んでいる範囲）ことを示す。**図表 1.19** の主成分得点と因子負荷量をバイプロットさせたグラフでは、Product2はColorのスコアが高く、Product3はほかの「試料」よりもSweetnessが強いなど、識別された試料が特徴とする属性を同定することができる。

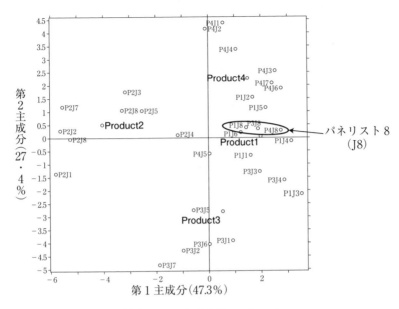

図表 1.18　主成分得点プロット

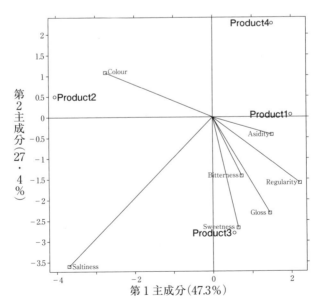

図表 1.19　試料と属性間の関係を示すバイプロット

1.4 おわりに

　トレーニングしたパネルを利用した記述分析法によって製品の官能的特性を記述し定量化することは、マーケティング部門と開発部門との橋渡しの役割を果たす。QDA 法は、パネル全体のコンセンサスを要求する Flavor Profile や Spectrum analysis に比べてトレーニングが短時間で行えることから、製品開発のスピードアップが求められ、かつ製品カテゴリーが多様化されている現代の企業においては取り組みやすい手法である。そして、日常的な用語にもとづいて得られた定量値は、消費者の嗜好、購買意欲、使用用途、イメージなどの市場調査データとの関連付けを容易にし、製品の強み、弱みの認識に貢献する。

■第 1 章の参考文献

[1] Stone, H., Sidel, J.L., Oliver, S., Woolsey, A., Singleton, R.C. (1974)："Sensory evaluation by quantitative descriptive analysis"、*Food Technol*, 28 (11), p.24, p.26, p.28, p.29, p.32, p.34

[2] 水野康文(1992)：「第 7 章　クルマの「走り感」評価法に関する研究」、吉澤正、芳賀敏郎編『多変量解析事例集　第 1 集』所収、日科技連出版社、pp.87 〜 102

[3] Stone, H., and Sidel, J. L. (2012)：*Sensory Evaluation Practices 4th edition*, Elsevier, p.63

第2章 官能評価による設計品質化

2.1 はじめに

　製品開発における官能評価の役割は重要で、主に3つの側面がある。1つ目は、試作品が製品コンセプトに見合った製品になっているかどうかを評価する側面である。2つ目は、仮にコンセプトに見合っていても、顧客に受け入れてもらえる製品となっているかどうかを評価する側面である。3つ目は、より効率的に開発プロセスを進めていくために、顧客が製品をどのように受け止めているかを明らかにする側面である。本章では、この第3の側面の事例を紹介して、このような目的での官能評価の進め方を概説する。

　まず、顧客が製品をどのように受け止めているか、つまり人の評価がどのような物理属性に影響されているかを明らかにする必要がある。本事例では、音の良さの評価に、どのような音の物理属性が関与しているかを、官能評価と物理測定値との関係から明らかにしている。この関係が明らかになれば、良い音と評価してもらえる物理属性が何で、その属性をどれくらいの物理量として設定すればよいかをある程度特定できる。この値を仕様書に反映すれば、作り手の求める製品を開発することができる。さらに、人の官能評価結果にもとづいて物理属性値が特定されているので、顧客に沿った製品開発となる。

2.2 事例の紹介

　以下に紹介する事例は、1997年12月に開催された「第27回　日科技連官能評価シンポジウム」における発表演題「ABS作動音音質評価法の開発」（森田耕二、山本博司：アイシン精機㈱）である。

ABS 作動音音質評価法の開発

1. まえがき

近年、自動車の音質の改善をするための研究が盛んに行われている[1]~[5]。従来は、エンジン音、排気音などを対象としていたが、自動車の機能部品についても同様に音質の改善ニーズが高くなってきており、ABS も例外ではない。

ABS とは、アンチロックブレーキシステムの略であり、急制動時、あるいは雪道などの滑りやすい路面での制動時に起きる車輪ロックを防止する装置で、方向安定性、操舵性の確保、および制動距離の短縮を図る自動制御システムである。

システムの基本構成は図表 2.1 に示すようにスピードセンサ、コントローラ、アクチュエータから成り、その作動音は、アクチュエータ内のソレノイドバルブ作動による油撃音、ポンプ作動・モータ作動による音などいろいろな音が混ざり合うため複雑な音質となっている。したがって、従来からの音圧レベルでの評価では心理的不快感との対応がつかない。

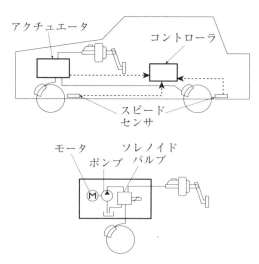

図表 2.1　ABS の基本構成

そこで、今回、統計的な手法を活用して作動音音質の定量的な評価法を開発し、音質の目標値の定量的設定や効果的な音質改善を行えるようにした。

2. 定量化の進め方

定量化の進め方の概要を図表2.2に示す。まず、評価車両の作動音について官能評価を実施し、一対比較法による音質良否の尺度化とSD法による音質因子の明確化を行った。次に作動音の物理量分析を実施し、それらのなかから音質因子に対応がつく物理量を選定した。最後に選定した物理量と音質良否尺度の重回帰分析から音質評価式を導き出した。

3. 官能評価と物理量の検討
3.1　官能評価方法

官能評価に使用した評価音は氷上でのABS作動音を収録したものを使用し、評価音の提示方法は、臨場感ある音で再生できるバイノーラル法を用いた。

① 被験者：評価経験者を中心に33名
② 評価車両：ABS種類の違う13台の車両

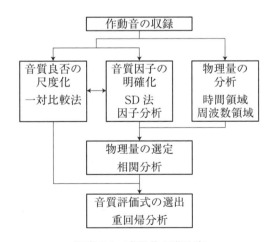

図表2.2　定量化の進め方

3.2 一対比較法[8]による音質良否の尺度化

まず各車両の音質の良否の順位とその差を距離尺度で明確にするために、一対比較法による官能評価を行った。

(1) 評価方法

基準音に対して評価音はどう感じるかを5段階評価した。手法はパネルが、すべての組合せを1回ずつ判断できるようにシェッフェの方法のなかから中屋の変法を選んだ。

(2) 評価結果

図表2.3に、得られた音質良否尺度を示す。この結果は、図表2.4に示す分散分析の結果より主効果が高度に有意となっているので、音質の良否尺度として信頼性が高いと判断できる。

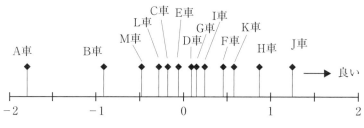

図表2.3 音質良否尺度(平均嗜好度)

図表2.4 分散分析

要因	平方和	自由度	不偏分散	F値
主効果	3153.0	12	262.75	994.92 **
主効果＊個人	351.0	384	0.91	3.46 **
組合せ効果	298.2	66	4.52	17.11 **
誤差	557.8	2112	0.26	
総平方和	4360.0	2574		

3.3 SD法による音質因子の明確化

次に、作動音の音質因子の絞り込みを行い、各車両の音質の特徴を明確にするために、SD法による官能評価を行った。

(1) 評価方法

11対の反意語になっている形容詞で、評価音をどのように感じるかを7段階評価した。**図表 2.5** に評価結果の一例を示す。図より、車両によって評価結果が異なることがわかる。

(2) 因子の抽出

図表 2.6 にその評価結果より因子分析を行った結果を示し、**図表 2.7** に因子負荷量を2次元平面に布置した結果を示す。形容詞の統合化より、第1因子は、「快い」、「滑らかな」などの快―不快感の因子と「こもった」、「鈍い」などの金属感の因子と考えられる。第2因子は「太い」、「重々しい」などの重厚感の因子と考えられる。この2因子で寄与率93.4%であることより、ABS作動音の音質は上記の2因子で表せると判断できる。

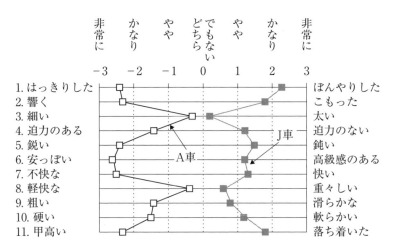

図表 2.5　SD法による官能評価例

図表 2.6　因子分析結果

No.	形容詞対	因子負荷量		
		第1因子	第2因子	第3因子
1	ぼんやりした―はっきりした	0.954	0.243	0.085
2	こもった　　―響く	0.909	0.345	0.027
3	太い　　　　―細い	0.074	0.996	0.038
4	迫力のない　―迫力のある	0.843	-0.501	0.047
5	鈍い　　　　―鋭い	0.906	0.388	0.168
6	高級感のある―安っぽい	0.832	0.504	0.350
7	快い　　　　―不快な	0.910	0.326	0.395
8	重々しい　　―軽快な	0.397	0.843	0.106
9	滑らかな　　―粗い	0.949	0.025	-0.005
10	軟らかい　　―硬い	0.953	0.224	0.099
11	落ち着いた　―甲高い	0.819	0.550	0.331
	寄　与　量	7.244	2.844	0.449
	寄　与　率	0.671	0.263	0.042
	累積寄与率	0.671	0.934	0.976

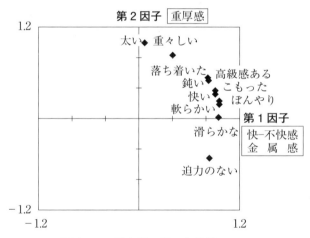

図表 2.7　形容詞の因子負荷量

(3)　評価車両の差

図表 2.8 に各車両の因子得点を 2 次元平面上に布置した結果を示す。この図より、各車両の音質の特徴が明らかになった。例えば、A 車の音質は不快で甲高い音であり、逆に J 車は快く落ち着いた音である。

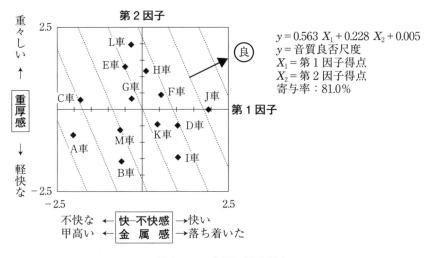

図表 2.8　車両の因子得点

(4)　音質良否と音質因子の相関

　音質因子による音質良否尺度を説明できるかを、重回帰分析を用いて検討した結果、寄与率81%で高い相関があることが確認できた。また、回帰式より音質良否方向を求めた結果、**図表 2.8** に示すように、快く落ち着いた音でやや重い音が、音質の良い音であることがわかった。

3.4　物理量の検討

　図表 2.9 に第2因子得点が同レベルで第1因子得点に差があるC車とJ車の

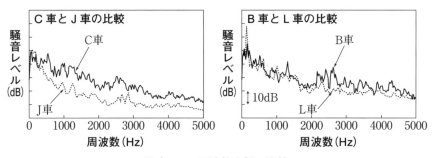

図表 2.9　周波数分析の比較

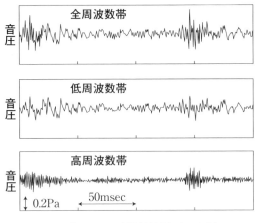

図表 2.10　時間軸波形データ例

比較と、逆に第1因子得点が同レベルで第2因子得点に差があるL車とB車の周波数分析結果の比較を示す。これより第1因子は、全体的なレベルに差があり、第2因子は、周波数構造に差がある傾向である。また、**図表2.10**に各帯域の時間軸波形を示すが、ポンプやソノレイドの間欠的な作動により変動が見られる。

　これより検討に用いた物理量は、周波数領域では、全体のレベルと各帯域のレベルとその割合を分析し、時間領域では、エンベロープ分析で周波数領域と同様の分析を行った。また近年、音質評価尺度として心理音響学の分野で提案されている[6],[7]周波数領域でのラウドネス、ラウドネスレベル（音の大きさ）、シャープネス（音の鋭さ感）と、時間領域でのラフネス（音の粗さ感）、フラクチュエーションストレングス（音の変動感）の分析を行った。

　以上、全部で12種の物理量で検討した。

4. 定量化の検討

4.1　音質因子と物理量の相関

　各評価車両の音質因子と物理量のデータより、相関分析した結果を**図表2.11**に示す。これより第1因子は騒音レベルの高域のレベル、エンベロープ分析の

図表 2.11 音量因子と物理量の相関

No.	物理量		第1因子	第2因子
1	騒音レベル	全域	−0.60*	0.18
2		低域	−0.49	0.31
3		高域	−0.76**	−0.28
4		高域／低域	−0.63*	−0.55*
5	エンベロープ分析	低域	−0.38	0.43
6		高域	−0.71**	−0.11
7		高域／低域	−0.50	−0.41
8	音質評価尺度	ラウドネス	−0.72**	0.10
9		ラウドネスレベル	−0.73**	0.10
10		シャープネス	−0.43	−0.62*
11		ラフネス	−0.58*	0.11
12		フラクチュエーションストレングス	−0.41	0.31

高域のレベル、ラウドネス、ラウドネスレベルと相関が高く、第2因子は騒音レベルの高低域のレベル比、シャープネスと相関が高い結果である。

4.2 音質の定量化

官能評価での音質良否尺度と各因子と相関のある物理量の組合せで重回帰分析により検討した結果、**図表 2.12** に示すように、ラウドネスレベルとシャープネスで高い相関の回帰式が得られた。

定量化に用いた2つの物理量は音質因子との対応がついているので、これらを座標軸とした2次元平面上に13台の評価車両の物理量分析結果を**図表 2.13**

回帰式

$$y = -0.12\,X_1 - 2.81\,X_2 + 12.17$$

y ＝ 音質評価点（音質良否尺度対応）
X_1 ＝ ラウドネスレベル（第1因子対応）
X_2 ＝ シャープネス（第2因子対応）
寄与率：87.5％

図表 2.12 音量評価式

46　第2章　官能評価による設計品質化

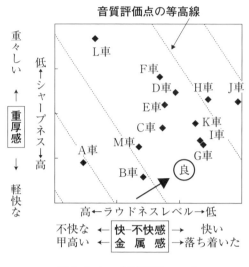

図表 2.13　音質評価マップ

のように布置すれば、官能評価を行わなくても評価車両の音質の特徴を知ることができる。また、良否方向が明確であることより、改善の可能性を明確にすることができる。

5. 音質改善事例

5.1　改善ポイント

図表 2.14 に開発目標線と現流動製品の作動音の物理量分析結果を布置した音質評価マップを示し、図表 2.15 に各作動音に対する両物理量の寄与を求めた結果を示す。

図表 2.14 より、両物理量をともに低減することが改善の方向性として有効であることより、図表 2.15 よりポンプ作動のメカ音低減が音質改善のポイントであると判断できる。

5.2　音質改善結果

ポンプ作動音に対して発生メカニズム解析を実施した結果、ポンプ作動によ

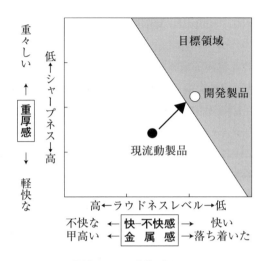

図表 2.14　改善ポイント

図表 2.15　各物理量の寄与

作動音種類		ラウドネスレベル	シャープネス
ソレノイド作動	メカ音	×	○
	油撃音	◎	△
ポンプ作動	メカ音	○	◎
	脈動音	○	△
モータ作動	メカ音	△	○

る起振力がモータ軸系の固有モードを励起している現象であることがわかった。そこで、開発製品の設計に当たってこの振動が励起されにくいシャフトの高剛性化の改良を盛り込んだ。

　試作した開発製品を搭載した車両の作動音の物理量分析結果を、**図表 2.14**上に布置したところ音質目標範囲内へ入り、官能上も音質向上を確認することができた。

6. まとめ

(1) ABS作動音の音質因子は、快不快、金属感と重厚感の2因子である。
(2) 第1因子の快不快、金属感はラウドネスレベルと、第2因子の重厚感はシャープネスと相関が認められた。
(3) ラウドネス、シャープネスより音質評価式、音質評価マップが得られ、音質の定量的な検討が可能になった。

2.3 事例の解説

　官能評価結果と物理量との対応関係の明確化が、定量的な評価法の1つの役割である。本事例では、人が音質の良さを感じる物理属性が特定でき、さらに容易に測定できる属性となっている。今後のABSの開発に際して、そのたびごとに、開発された製品に対して、官能評価を何度も実施するとなると、多大なコストが発生することになる。なるべく物理的な機器測定から官能評価結果を推定できれば、より顧客に沿った製品を、コストをかけずにスピーディーに開発することができるであろう。

2.3.1　評価実験の実施に際して

　官能評価を実施するためには、まず対象とする試料の収集が必要である。今回は、ABSを搭載した異なる車種が収集されている。単に車種を変えて収集するだけではなく、試料として、ABSの音質の異なる車種を特定する必要がある。でなければ、得られた結果の一般性が担保できない。一般性がなければ、得られた結果を製品開発に使用したとしても、その有効性に疑問が呈されることになる。

　本事例でのパネルは、評価経験者を中心に33名となっている。おそらく、製造や開発に携わっている専門家としてのエキスパートであろう。パネルとしてエキスパートを選定するということは、評価基準が一定で安定しており、評価結果の信頼性が担保されているということになる。もちろん、エンドユー

ザーとして、一般の顧客をパネルに選定することも可能である。このようなノビス(素人)は、評価基準が必ずしも安定しておらず、さまざまな要因で評価が変動する可能性がある。

なぜ今回、専門家がパネルとして選定されたかを考えてみる。本事例の目的は、製造や開発場面での設計品質化に寄与することが目的であり、このための定量的な評価法を開発することであった。したがって、対象としたABSの音質の構造をある程度把握しており、品質の設計につなげることができる立場の人をパネルとする必要があった。このように、品質に繋がる評価手法の開発のための官能評価では、専門家をパネルとして選定することが重要である。

2.3.2 一対比較法

一対比較法で、音質の良否の尺度値が得られている。この良否の値を得るための官能評価には、多様な手法が考えられる。もっとも一般的な方法は、各車種の音を1車ずつ聞いて、その良否を評定尺度法で評価する方法である。一つひとつの音を絶対判断(Absolute Judgment)で評価し、パネル間での平均値を、各車種の尺度値とすることになる。しかし、今回は、2つの音を聞き比べての比較判断(Comparative Judgment)が行われている。各音の間にはっきりとした違いが存在すれば絶対判断でも可能であるが、わずかな違い、あるいは専門家でなければわからないくらいの微妙な違いしかないために、一対比較法が使用されたと考えられる。

今回の一対比較法は、シェッフェの原法から発展した中屋の変法が使われている。第6章で詳細は説明されているが、この変法は、1人のパネルが全部の対を比較順序は考えず1回ずつ判断して、人数を繰返しとする方法である。分散分析で検定できる要因は、主効果・組合せ効果・主効果×個人である。主効果は試料間の違いを表し、順序効果は対提示の順位によって結果が異なることを意味している。組合せ効果は、試料ABとACでAの評価視点、つまり評価基準が異なってしまうことが原因と考えられる。例えば、今回の事例では、音質の良否の評価が求められているが、AとCが組み合わされたときだけ、音の良否ではなく大きさで評価されてしまったというようなことが起きている可能性がある。このことが、**図表2.4**の分散分析表での組合せ効果が有意

になってしまったことを意味している。

2.3.3 SD法

　製品開発に際しては、仕様書につながる物理属性を特定する必要がある。この属性の絞り込みを行うために、音の印象評価との対応づけが行われている。音質を表すと考えられる形容詞対を準備して、SD（Semantic Differential）法が実施されている。

　SD法は、オズグッド（C. E. Osgood）が言語の心理学的研究のための手法として提案したもので、*The Measurement of Meaning*（1957）によって広く知られるようになった方法である。本来は、言語の意味、特に情緒的意味の測定法として開発された。複数の試料で複数のパネリストによって得られた結果は、試料・パネリスト・形容詞対の3次元のデータ行列となる。今回は、11の形容詞で、13台の車両の試料で、33名の結果からなる、3次元のデータ行列が得られている。

　SD法は、「意味微分法」と訳されるが、この意味は言葉の情緒的意味であり、微分とは、次のようなことを示している。

　ある対象に対して抱いている情緒的意味は全体として何らかのまとまりをもっており、これを分析するためには、複数の視点を設定してまとまりを細分化しなければならない。これは、全体を全体のまとまりのままで分析することはできないためである。この分析の仕方を微分とよんでおり、複数の各視点は形容詞対で表現される意味尺度の各まとまりを表している。これらのまとまりの全体は、「意味空間」（Semantic Space）とよばれており、多次元空間を構成している。そして、ある対象は、この空間の中の1点として表現される。しかし、まとまりのある全体を細分化して分析しただけでは全体を表すことができず、何らかのまとめ上げをしなければならない。このまとめ上げをするために、意味尺度間でのプロフィール分析がなされたり、因子分析が使われている。

　因子分析の結果から、オズグッドは、評価性（Evaluation）・力量性（Potency）・活動性（Activity）の3次元空間構造（オズグッドのEPA）として、その対象の意味をまとめることができると考えていた。当初、SD法は、言語の意味

の測定法として出発し、その後、言語の意味以外を対象として、色彩、図形、音楽、絵画、商品、人物、企業など広く適用されるようになった。

オズグッドの本来の意図とは異なるかもしれないが、多様な製品イメージなどの全体的印象を測定し、その規定要因を絞り込むために、SD 法と因子分析を組み合わせて用いられることが多い。しかし、設計品質につながる物理属性の特定は難しい。

本事例では、因子分析の結果から、音質の印象には 2 つの側面が因子として関係していることが示された(**図表 2.6**)。そして、これらの因子と良否の尺度値との間を、重回帰分析で解析して、十分に音質の良否をこれらの因子で説明できることが明確となった(**図表 2.8**)。つまり、音質の良否を、今後 2 つの因子で考えることができるということの信頼性が担保されたことになる。

2.3.4 物理属性の特定

音には多様な側面があり、それぞれの物理属性を測定して値を得ることはもちろんできる。しかし、今回は、12 の物理属性が当初測定された。より適切でなるべく少ない数の属性を特定できれば、より効率的な製品開発が可能となる。適切ということは、良否の尺度値により関係するということであり、多くの属性と尺度値を構成する 2 つの因子との対応分析によって、属性の絞り込みが行われている。

まず、SD 法の結果から得られた 2 つの因子と物理属性との対応関係を、相関分析によって明らかにしている(**図表 2.11**)。この結果、各因子に対応する物理属性が特定され、これら以外の属性は、音質の良否にはあまり強く関係していなかったことになる。そこで、良否の尺度値と、特定された物理属性との重回帰分析を実施し、十分な説明率が得られた(**図表 2.12**)ので、今後これらの属性を考えれば良否を推定することができることが確認された。このことによって、各物理属性に関わる測定ポイントが特定されたことになる。さらに、「各物理属性値をどのような値にすれば、よりよい音質と評価される可能性が高いか」を推定することができる。

このことによって、官能評価を行わなくても、特定された物理測定値から評価車両の音質の特徴を推定することができるようになった。

さらに、この推定にもとづいて、音質の改善が行われ、今回の結果の有効性が確認された。

2.4 次の官能評価に向けて

2.4.1 評価の階層性とは

ものに対する評価を行う場合、一般的には、図表2.16のような評価の階層性を前提としている。すなわち、ものを構成している量的な値をもつ物理属性と、物理属性に直結する個別評価、個別評価から規定されている中間評価、中間評価から規定されている総合評価である。本事例のように、音の高さとしての物理量に対応する個別評価は、甲高さとなる。これは、SD法の形容詞対であるが、他の個別評価とのまとまりで第1因子が構成されている。この因子は、複数の個別評価がまとまった上位の個別評価で、中間評価とでもいうべきものとなる。これらの中間評価によって、良し悪しや好き嫌いなどの総合評価がもたらされるというのが、評価の階層性である。

本事例では、12種の物理量が物性値であり、11の形容詞対が個別評価であり、因子分析の結果得られた因子が中間評価であり、音質の良否の尺度値が総合評価である。このように階層を考えると、製品開発を念頭におけば、物理属性をどうしても考えてしまう。したがって、下から上への規定のもとで、因果の連鎖を想定してしまうことになる。そして、最終的には、総合評価と物性値

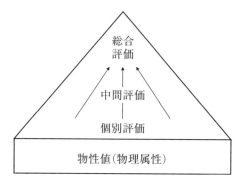

図表2.16　評価の階層性（序章の図表4の再掲）

との対応を考えることで、そのような総合評価をもたらす物理属性を特定しようとすることになる。

2.4.2 評価の階層性の問題点

　作り手にとっては、どうしても物理属性を意識してしまうため、今回のように音質の評価をしたときには、「太くて、重々しいから、良い」というように考えてしまう。しかし、日常生活のなかで、人とものとの関係を考えてみると、このような下から上への規定が存在する場合はまれである。例えば、自動車を運転しているときに、常にABSの音を意識しているわけではない。実際は、よほどの異音でなければ、その音を気にすることはない。ましてや、迫力があるとか軽快というようなことを意識することは、まずないであろう。ABSの音は、通常ほとんど気にならず、なんとなく聞いており、"何か変"と感じたときに、「音のどのような側面が問題で、これらは物理的に何からきているのか」を考えることになる。日常の評価としては、むしろ上から下の方向性を経験することのほうが多い。つまり、「音が変。いつもよりも甲高いのでは」というように、物理属性やこれに直結した個別評価は、総合評価の理由づけに使われる。このような方向性を考えると、従来の個別評価から総合評価を推測するアプローチとは異なった考え方が必要であり、これによって今までとは違った製品開発の可能性が出てくる。

　次に、評価の階層性のなかで、下位と上位との重回帰が、複数回繰り返して行われる場合が多々ある。物理属性値と個別評価、個別評価と総合評価での重回帰分析の結果を受けて、物理属性値と総合評価での重回帰分析が行われる。この場合、気をつける点は、それらの説明率にある。最初の重回帰で説明率（寄与率）が0.8であったとする。2回目では、0.7であったとする。とても高い説明率なので、結論として、総合評価を規定する物理属性が特定されることになる。ところが、実際にそれらの物理属性値と総合評価での重回帰分析の結果は、往々にして低くなってしまう。0.8の説明率と0.7の説明率を掛けると、計算上推定される説明率は0.56となる。このような単純な下位から上位への積み上げでは、どうしてもこのようなことが起きてしまう。

　この説明率の問題点を避ける工夫が本事例ではなされている。すなわち、総

合評価と中間評価との重回帰、中間評価と物理属性との対応、総合評価と物理性との重回帰分析が行われている。単純に、総合評価としての音質良否の尺度値と物理属性値との重回帰がなされてはいない。因子に対応する物理属性値を特定することで、総合評価と物理属性との重回帰によって、高い説明率を実現している。このことで、自信をもって設計品質化が可能となり、明確な改善指針が得られている。

2.4.3　多変量解析を考える

本事例では、因子分析と重回帰分析が使われている。これらの手法は、多変量解析のなかで、主要なものである。一般に、人が製品と接したときは、入力としての製品と出力としての官能評価結果との関係から、目に見ることのできない、その評価をもたらす心の働き(感性)を推測しようとしている。その推測の仕方は、大別すると、プロトタイプ的な考え方と因果的な考え方とになる。

プロトタイプ的な考え方は、似たもの同士をまとめることから始まる。今回の官能評価は、個別評価としての形容詞対に対する評定が行われている。これらの形容詞対には、あるまとまりが存在し、因子分析によってこれらが因子として表現されている。本来因子分析では、これらのまとまりの存在を、オズグッドのEPAのように、モデルとして想定している。このまとまりとしての因子を構成する形容詞対は、互いに似た評価傾向を示している。この似た程度が、事例中の因子負荷量の大きさの関係となっている。例えば、「ぼんやり―はっきり」と「軟らかい―硬い」は、言葉は違うが、似たような評価傾向をもっており、1つのまとまりを構成している。このような言葉は同じ内容の印象を構成する要素と考えられ、この印象内容が因子である。

このように、同じ評価傾向をまとめて、このような傾向をもたらす印象内容としての共通な心の働きを、推測しようとしている。まとめた後で、そのなかにどのような共通項があるかを考えて、その一群の評価傾向の特徴づけをすることになる。これらの評価結果をもたらした状況のなかに、共通している要因を見つけ出し、その特徴を考えている。つまり、この特徴が、その評価傾向をもたらす原因となっているのではないかということを、暗に考えていることになる。

2.4 次の官能評価に向けて

　本事例の因子分析で求められた因子負荷量は、各形容詞対の相関係数から求められた値である。相関係数は、似たような評価傾向の似た程度を評価するために使用されている。相関係数が高ければ似た度合いが強いということになる。

　プロトタイプ的な考え方では、複数の相関係数の高いもの同士をまとめるために、相関行列で相関係数の高いものを組み合わせていく行列演算が基本となる(**図表 2.17**)。この代表的な手法の一つが、因子分析(Factor Analysis)である。通常、プロトタイプ的な考え方にもとづいた手法は、「外的基準のない」手法とよばれている。因子分析をはじめ、主成分分析、多次元尺度構成法、クラスター分析などがある。

　次に、因果的な考え方は、原因と結果の関係であり、結果は官能評価結果で、原因はこの結果をもたらした試料であり、その試料を構成する物理属性である。基本的な考え方は、複数の物理属性のなかで、「ある評価をもたらす属性は何か」ということを特定することである。つまり、評価の規定因を明らかにしようとしている。そして、「なぜそれが規定因となり、どのような影響で評価がもたらされているのか」ということから、心の働きを推論しようとしている。

　今回の事例では、音質の良否という総合評価と、ラウドネスとシャープネス

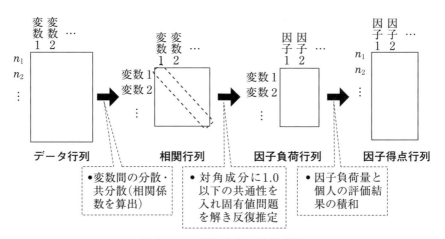

図表 2.17　因子分析の計算手順

を規定因として、重回帰分析が行われている。これらの規定因を特定するために、SD法と物理属性値の測定が行われている。得られた音質評価式では、2つの規定因としての物理属性値の係数がマイナスなので、これらが低くなれば、総合評価は向上することがわかった。

　ここで問題となるのは、「評価と規定因との因果の強さをどのように評価するか」ということである。ここでもやはり、相関係数が基本となる。物理属性と評価結果との相関係数が高ければ高いだけ、因果性が強くなる。因果的な考え方では、複数の相関係数間での大きさの評価が問題となる。基本的には、総合評価のように評価は1種類で、試料を構成する物理属性としての規定因が複数あるので、多対1の間での相関係数になる。したがって、偏回帰の考え方が重要になる。この場合の代表的な手法は、重回帰分析(Multiple Regression Analysis)である。通常、因果的な考え方にもとづいた手法は、「外的基準がある手法」とよばれており、重回帰分析をはじめ、判別分析、正準相関分析などがあり、重回帰分析を応用したパス解析やグラフィカルモデリングや共分散構造分析(構造方程式モデリング)も最近よく使われている(**2.5節を参照**)。

　通常、試料としての製品は、複数の属性から成り立っている。これら2つの推論の仕方は、複数の試料を構成する物理属性とこれらに関わる評価との関係の下で適用される。したがって、複数の相関係数を同時に考える必要がある。そこで、多変量解析を使うことになる。今回の事例では、**図表2.16**の評価の階層性にもとづいて考えると、個別評価間の因子分析と、因子と物理属性間の相関関係、そして総合評価と因子を規定する物理量との重回帰分析を行い、総合評価を規定する物理属性を特定している。プロトタイプ的な考え方と因果的な考え方の組合せ分析が、本事例の特徴である。

2.4.4　重回帰分析

　重回帰分析は、ある特定の評価に影響する規定因を探し出そうとする分析であり、原因を見つけ出そうとする積極的な分析といえる。また、重回帰分析の大きな特徴として、分析の結果から予測が可能であるという点である。今回の事例で、2つの規定因としての物理属性が総合評価を決めているということがわかったが、このことを使って改善活動が行われている。総合評価を高めるた

めに、「どのような品質構成をすればよいか」を予測しているということである。

　重回帰分析は、原因と結果の因果性を考えるための分析といえる。結果を表す変数と原因となる結果を説明するための変数が設定される。前者は、従属変数とか目的変数とよばれる。後者は、独立変数とか説明変数とよばれる。重回帰分析で想定されているのは、従属変数が1つで、独立変数が複数ある場合である。重回帰分析では、従属変数をいくつかの独立変数の重みづけの合計として表そうとする（**図表 2.18**）。

　そして、独立変数で従属変数を説明できない要素（これを残差とよぶ）が最も少なくなるように、重みと定数を調節する計算が行われている。ところが、独立変数が複数あるうえに、これらが影響しあっている可能性がある。もし、他の独立変数の影響があったとすれば、その独立変数の従属変数に対する影響力が適切に評価されなくなってしまう。さらに、独立変数が多くなれば、すべての場合を考える必要がある。ある独立変数と従属変数の相関を考えるときに他の変数からの影響を除いた相関を考える必要が出てくる。このような相関は偏相関（Partial Correlation）とよばれている。

　本事例の音質評価式の−0.12の値は偏回帰係数であり、偏相関から得られた値である。今回は、独立変数が2つであるので、他方の影響を除いた偏回帰

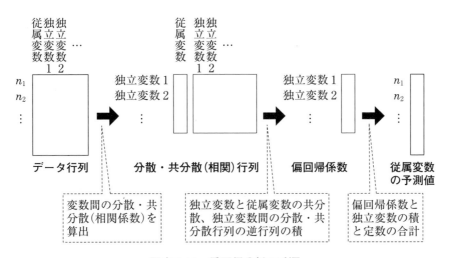

図表 2.18　重回帰分析の手順

係数である。寄与率の 87.5% は、決定係数ともよばれている。これは、重相関係数の 2 乗値であり、従属変数の予測の精度を表している。得られた重回帰式が、データとしての従属変数全体の何割を説明できているかを表しているのが決定係数で、0.875 は 87.5% を説明できていることを示している。

　重回帰分析は、Excel のアドインの「データ分析」にある「回帰分析」で実施することができる。しかし、この手法は、複数ある独立変数を指定して使用した場合の分析であり、"全投入法" とよばれている。したがって、なかにはほとんど影響をもたない独立変数が存在する可能性があるので、変数の選択が重要となる。

　一般的な統計ソフトでは、分析に用いる従属変数と独立変数の設定と独立変数の投入の方法についての設定を行う。投入とは、分析に用いる独立変数の分析への用い方のことで、一般には、全投入法かステップワイズ法が用いられる。ステップワイズ法は、設定された独立変数を分析に用いたり用いなかったりしながら、従属変数の予測にあまり役に立たない独立変数を除き去ろうとする方法が用いられる。重回帰分析では、一般に独立変数が予測に役立たないとしてもその数が多くなるほど単純に決定係数が高くなる傾向がある。つまり、重回帰分析では、独立変数を数多く投入するだけでは意味はなく、適切な独立変数の選択が必要になる。

　また、重回帰分析では、独立変数間にあまり高い相関があると正確な予測式が得られないことがわかっている。これは、多重共線性とよばれている。独立変数間に相関の高い変数が認められる場合、相関が高い変数の組合せがないように変数を取捨選択しなければならない。

　この多重共線性を避けるためには、独立変数間の相関係数を計算して、高い相関を示した 2 変数はどちらかしか、重回帰分析には使わないということが行われている。しかし、このやり方の場合、事前に仮説として必要と考えていた変数を削除しなければならないことが起きる可能性がある。そこで、今回の事例のように、因子分析や主成分分析を行い、相互に独立な（相関のない）因子を求めて、これらの因子得点を従属変数として、重回帰分析を行う。プロトタイプ系と因果系の組合せ分析は、多重共線性の問題を避けるうえでも有効である。

2.4.5 解析のアイデア

今回の事例では、次節で紹介する共分散構造分析の使用も考えられる。SD法の結果と音質良否の総合評価の結果に対して、潜在変数として因子分析結果の因子を設定して、これらの得点を求めて、共分散構造分析を実施することになる。ただ、この分析では、SD法の各形容詞対が、それぞれ物理属性に対応しているか、あるいはそれらの対応性を特定する分析が行われている必要がある。あくまでも、設計品質化を目指した研究である以上、物理属性の特定ができなければ、その目的は果たせないことになる。

評価の階層性と多重共線性とから、以下の分析手順が、別のアイデアとして考えられる。13台の車両に関する12種の物理量が測定されている。縦が13で横が12のデータ行列が存在している。このデータで主成分分析を実施して、物理属性のまとまりを主成分として得る。各車両の音質良否の評定結果を複数の評価者から得て、これらの平均値を車両ごとに求め、これを従属変数とする。物理属性に関する主成分得点を独立変数として、重回帰分析を実施すると、総合評価を規定する物理属性に関する主成分が特定できる。この主成分を構成する物理属性から、改善指針を提案することができる。ただ、この場合は、総合評価は、物理属性に大きく依存しているような状況に限定されるであろう。例えば、品質構成が単純な製品の場合などである。今回のような、多様な物理属性が存在し、さらに複雑な評価構造をもっている場合は、計算上なんらかの結果が得られたとしても、その信頼性には疑問が残ることもありうる。

2.5 構造方程式モデリング

SEM(Structural Equation Modeling：構造方程式モデリング)という名前を初めて聞くという読者は多いかもしれない。仰々しい名称ではあるが、あえて語弊を恐れず平たくいうと、因子分析法と重回帰分析法を同時に行うための手法である[1]。加えて、SEMは、単にそれらの手法を同時に行えるだけではな

---

[1] 厳密には、それ以上の重回帰分析の枠を超えた説明関係(例えば、連鎖的・階層的な説明関係など)も取り扱うことができる。

く「観測データの背後に仮定しうる、複数の仮説(データの生成過程へのモデル)」と観測データとの間の「適合度」を得ることができ、どの仮説が妥当であるかを統計的に検討することできるという、さらなる利点をもつ。

SEM は極めて柔軟かつ強力な因果検証のツールであるが、本節では紙面の都合上 SEM の基本的なアイデア・解釈法と、ごく一部の活用可能性に限って説明する。

2.5.1 心理量の測定と SEM によるモデル化の意義

はじめに述べたとおり SEM は因子分析と重回帰分析を同時に行うための手法である。より厳密には「因子分析としてよく知られている、潜在変数が観測変数によりどのように測定されているかを記述するためのモデル」と「重回帰分析に代表される観測変数間の(被)説明関係を記述するためのモデル」とを統合・拡張した「潜在変数・観測変数間の(被)説明関係を統一的に記述するためのモデル」が SEM である、と表現できる。

「観測変数」とは、読んで字のごとく、実際に観測(データとして取得)される変数である。本事例においては SD 法における項目「1. はっきりした―ぼんやりした」から「11. 甲高い―落ち着いた」がそれに当たる。「潜在変数」とは、直接観測されることはないが、モデル上で仮定することで、現象の説明が容易になるような変数のことである。本事例では(探索的)因子分析により抽出された「第1因子: 快―不快感／金属感」と「第2因子: 重厚感」の情緒的な心理概念のことを指す。2.3.3 項に記されているように、こうした心理的概念を直接測定することは難しいため、複数の指標項目の背景に潜む潜在変数として仮定し、指標項目への評定値の何かしらの計算結果を、その概念の程度として定量化することが多い。実際に引用事例では、因子得点(の予測値)を用いて、各車両の特徴を把握している。加えて、その因子得点を独立変数に用いて、音質良否尺度がどの程度説明されるかを重回帰分析で検討している。

こうした、「まず因子分析を適用し、その結果得られた因子得点(の予測値)ないしは、指標変数の評定値の合計得点や平均得点[2]に対して重回帰分析を適

---

2) これらは「尺度得点」とよばれる。

用する」という二段階の手続きは、実際広く用いられているが、統計的にはあまり望ましい方法ではない。というのも、このように算出された値は、心理概念の真の得点の近似値でしかなく、かつその測定の精度は必ずしも良いとは限らない[3]。そのため、重回帰分析を適用して得られる偏回帰係数の値は、必ず過小評価[4]されることとなる。また「重回帰分析法では極めて限定的な変数間の説明関係しか記述・定量化できない」ということも考えておく必要がある。

SEMでは、これらの問題をクリアできる。すなわち「潜在変数は潜在変数のまま、その値を計算することなく取り扱える」し、「重回帰分析法よりも広範なクラスの(被)説明関係を記述・定量化可能」である。

次節以降で、具体的にどのようにして、モデルを記述し、定量化していくのかを説明する。

2.5.2　SEMによる仮説モデルの構成法と解釈の仕方

ここではまず、研究者のもつ変数間の説明関係への仮説の記述法として「モデルの構築方法」を説明する。次に結果解釈のために必要な知識である「標準化解と尺度不変性」、「不適解」、「適合度指標」について述べ、最後にその説明関係を定量化するための「パラメータ推定法」について記す。

(1)　モデルの構築方法

SEMを用いて心理概念間の影響関係を定量化するには、以下を組み合わせたモデルを構築することが基礎となる。

- 「測定方程式」とよばれる、潜在変数が観測変数によりどのように測定されるかの因子分析モデルによる記述
- 「構造方程式」とよばれる、測定方程式で記述される以外の変数間の説明関係の(重)回帰分析モデルによる記述

以降、これらが具体的にはどういうことなのか、引用事例で行われた因子分

---

[3]　この近似精度は「信頼性」という指標で定義される。その詳細については、本書の範囲を超えるため、ここでは取り扱わず、参考文献[12]などに譲る。

[4]　このように偏回帰係数や相関係数が過小評価される現象は「希薄化」とよばれる。もし、信頼性の確かな値が知られていれば、それを用いて、希薄化を修正することは可能であるが、実際の場面で、そのような場合は少ないと考えられる。

析と重回帰分析を組み合わせた二段階の手続きを、SEMの枠組みで一部改変して再モデル化し説明するとともに、モデル化の際の注意事項を述べる。

① パス図の書き方・読み方

引用事例の再モデル化を**図表2.19**に示した。「四角形や楕円、矢印からなる図でしかないではないか、これがなぜモデルなのか」と感じる読者も多いだろう。パス図とよばれるこの図は、実は因子分析と重回帰分析を同時に行うモデルの数学的記述と等価な情報を与えるものである。いうなれば、図形という言語によるモデルの表現である。なおSEMに特化したソフトウェアでは、パス図を描くことで変数間の説明関係を指定できる。

各種の図形の意味は下記のとおりである。
- 長方形：観測変数
- 楕円：潜在変数（直接観測されない潜在的な因子）
- 小さな円：誤差
- 片矢印：説明・被説明の向き（矢印が届く変数が従属変数）
- 両矢印：相関関係

これだけではわかりにくいと思われるので、より具体的にパス図とそれが意味するモデル（数式）との対応関係を見ていこう（**図表2.19**）。

「F1：快—不快／金属感」という潜在変数（楕円）から、「V1：ぼんやり」、「V2：こもった」、「V5：鈍い」、「V6：高級感」、「V7：快い」、「V9：滑らかな」、「V10：軟らかい」、「V11：落ち着いた」の8個の観測変数（長方形）にパスが伸びている。それぞれの観測変数にはさらに誤差（小さな円）からもパスが伸びている。矢印の上にある文字・数字は、パス係数（因子分析法でいう負荷量、重回帰分析法でいう偏回帰係数）を意味し、楕円の右肩の数字は潜在変数の分散を意味する。これらの文字・数字のことを総称して「母数（パラメータ）」とよぶ。具体的な数値として指定されているものは、モデルの上で値を固定したものであり、固定母数とよばれる。文字で表されるものは、データから値を推定したいものであり未知母数とよばれる。

このパス図は因子分析法による心理概念の測定モデルを記したもので以下の式を意味する。

2.5 構造方程式モデリング

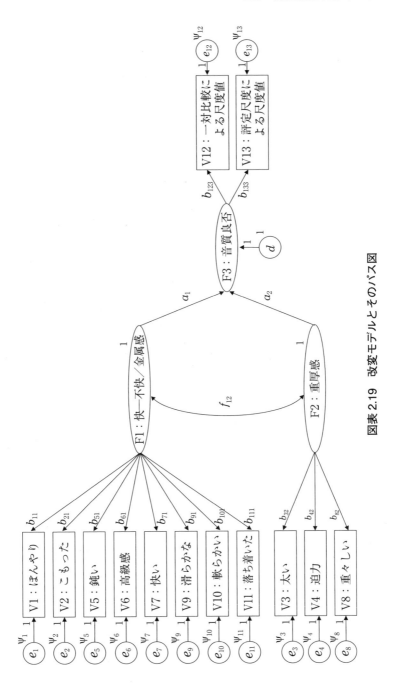

図表 2.19 改変モデルとそのパス図

「V1：ぼんやり」= b_{11} ×「F1：快―不快／金属感」+ 誤差 $1(e_1)$
「V2：こもった」= b_{21} ×「F1：快―不快／金属感」+ 誤差 $2(e_2)$
「V5：鈍い」= b_{51} ×「F1：快―不快／金属感」+ 誤差 $5(e_5)$
「V6：高級感」= b_{61} ×「F1：快―不快／金属感」+ 誤差 $6(e_6)$
「V7：快い」= b_{71} ×「F1：快―不快／金属感」+ 誤差 $7(e_7)$
「V9：滑らかな」= b_{91} ×「F1：快―不快／金属感」+ 誤差 $9(e_9)$
「V10：軟らかい」= b_{101} ×「F1：快―不快／金属感」+ 誤差 $10(e_{10})$
「V11：落ち着いた」= b_{111} ×「F1：快―不快／金属感」+ 誤差 $11(e_{11})$
「F1：快―不快／金属感」の分散 =1
誤差1の分散 = ψ_1、誤差2の分散 = ψ_2、誤差3の分散 = ψ_3、誤差4の分散 = ψ_4

　もう少し噛み砕いて表現すると、これら8個の観測変数の値の高低は潜在的な心理概念である「F1：快―不快／金属感」の高低(と誤差)によって定められるという意味になる。「F2：重厚感」についても同様である。「F1：快―不快／金属感」と「F2：重厚感」の間は両矢印で結ばれており、互いの間に相関関係(厳密には共分散)が仮定されている。実質科学的にも「重厚感」ある音が「快さ」と相関していても解釈可能であるため、妥当なモデル化であろう。また、もし仮に相関関係が真になければ、この値はゼロに近い値で推定される。潜在変数(因子)から観測変数へのパス係数の値が十分大きければ、用意した項目(観測変数)により、「F1：快―不快／金属感」という心理概念が精度よく測定されていると解釈できる。

　次に「F3：音質良否」について見ていこう。事例においては、一対比較評定から得られた尺度値を音質良否の値と見なしていたが、**2.3.2項**に記されているように、いささか測定の信頼性に不安が残る点もある。そこで、本改変モデルにおいては、一対比較法に加えて評定尺度法も用いられたと仮定し、それら2つの評点の背景因子として「F3：音質良否」が測定されているというモデルを考える。

　さて、この「F3：音質良否」であるが、「F1：快―不快／金属感」や「F2：重厚感」と誤差 d からパスが伸びている。これは以下の式を意味する。

「F3：音質良否」= a_1 ×「F1：快―不快／金属感」+ a_2 ×「F2：重厚

感」+ 誤差 d

この式は潜在変数間の説明関係の重回帰分析と見なせ、パス係数は重回帰分析と同様に、他の変数の影響を統制した場合の当該変数から従属変数影響の大きさと解釈できる。SEMではこのように潜在変数間の関係を尺度得点に頼ることなくモデル化できる。

② 母数(パラメータ)の固定と識別性

さて、ここまで説明してきたモデルについて「F1：快―不快／金属感」、「F2：重厚感」の分散、また、すべての誤差から従属変数へのパス係数を1と固定した、すなわち固定母数を置いたことを振り返ろう。このような固定母数を導入することは恣意的なデータ解析ではないかと疑問に思われる方もいるかもしれない。

まず、固定母数を導入することの可否についての回答は「堅固な理論的根拠があるなど、実質科学的に妥当な場合は、固定母数は導入されてしかるべきであり、それは恣意的ではなく理論に則ったデータ解析と主張できる」である。ただし、今回の固定母数は実は、そもそも「実質的な意味をもたない計算上の必要」のため導入されたものである。「実質的な意味をもたない計算上の必要」とはどういうことなのか、「F1：快―不快／金属感」を測定するための因子分析モデルを具体例に説明を行う。

この測定モデルにける固定母数は、潜在変数の分散、誤差から観測変数へのパス係数をともに1としたのみである。もしこれらの母数を固定しなければどうなるかを見ていこう。「V1：ぼんやり」と「F1：快―不快／金属感」、誤差1との関係式に対して、任意の非ゼロの実数 $a、c$ を用いて、次のような等値変形を考える。

「V1：ぼんやり」
= b_{11} ×「F1：快―不快／金属感」+ 誤差1(e_1)
= b_{11} × $1/a$ × a ×「F1：快―不快／金属感」+ $(1/c)$ × c ×誤差1(e_1)
= $[b_{11} \times (1/a)]$ × $[a$ ×「F1：快―不快／金属感」$]$ + $(1/c)$ × $[c$ ×誤差1(e_1)$]$

今 $a、c$ は任意の非ゼロの実数であるため、新たなパス係数 $[b_{11} \times (1/a)]$、

($1/c$) の値には一意性がなく、この式もまた、「V1：ぼんやり」と「F1：快―不快／金属感」との関係を示す式として解釈できてしまう。これを排除するためには、a、cの値を適当な数に固定する必要があるが、実は潜在変数と誤差の分散を1と固定することは、$a = c = 1$と定めることに等しくなり、このパス係数の不定性を排除することになる。このような「モデル上で母数の値が一意に定まるかどうか」のことを「識別性」とよぶ[5]。

　誤差dの分散を固定した理由の説明はやや複雑である。まず「F3：音質良否」を測定するための因子分析モデル部に着目すると、「F1：快―不快／金属感」に対する議論と同様に「F3：音質良否」の分散を固定する必要がある。しかし、今「F3：音質良否」に対しては、「F1：快―不快／金属感」、「F2：重厚感」で説明される、という重回帰モデルも仮定していた。実はこのような潜在変数が従属変数となるような場合、従属変数たる潜在変数の分散を固定すると、母数の推定において計算上の困難が生じてしまう。この問題への対処として誤差dの分散と、誤差dから「F3：音質良否」へのパス係数を1と固定する必要がある。なぜ、このように固定することでうまくいくのかを先ほどと同様に等値変形を用いて説明していこう。「F3：音質良否」に対する因子分析モデル部に重回帰分析部を代入すると、以下の式になる。

　　「V12：一対比較による尺度値」
　　= b_{121} × 「F3：音質良否」+ 誤差 12(e_{12})
　　= b_{12} × (a_1 × 「F1：快―不快／金属感」+ a_2 × 「F2：重厚感」
　　　+ 誤差 d (d))+ 誤差 12(e_{12})
　　= [b_{121} × ($1/k$)] × [k × (a_1 × 「F1：快―不快／金属感」+ a_2
　　　× 「F2：重厚感」+ 誤差 d (d))] + 誤差 12(e_{12})

誤差dの分散、パス係数の値を1に固定すると、kの値は自動的に $k=1$ と一意に定まり母数の不定性が排除される。

　なお、ここまで説明した以外の方法でも、識別性を担保することは可能である。例えば「各潜在変数から観測変数へ伸びるパスのうちいずれかを適当な値

---

[5]　なお、本事例のモデルは、このようにパス係数の不定性を排除することで必ず識別されると知られているが、残念なことに実際にモデルとデータを適合させる（母数を推定する）まで、識別されるかどうかを判定できないモデルも多数存在する。

(一般に 1 が用いられる)に固定する」ことでもモデルは識別される。

　また、引用事例中で行われた探索的因子分析では、すべての観測変数がすべての潜在変数からパスが伸びているというモデルである．これを改変モデルのように、因子と観測変数の間のパスを限定した(例えば「V3：太い」、「V4：迫力」、「V8：重々しい」は「F2：重厚感」からのみパスが伸びており、「F1：快―不快／金属感」からはパスが届いていない)ことは実はパス係数にゼロという固定母数を設定したことになる。というのも、探索的因子分析法は識別性がないモデルであるため、引用事例そのままでは厳密には SEM の枠組みの外となるためである[6]。解説用のモデルにおいては、事例を参考に、各因子に関係のないと思われる観測変数へのパスは削った。なお、このような届くパスを限定した因子分析法を「検証的因子分析」とよぶ。

(2)　標準化解と尺度不変性

　ここでは SEM における標準化解について説明する。重回帰分析法における「(生の)偏回帰係数」と「標準化偏回帰係数」と同様に、SEM でも設定したモデルを生の観測変数にそのまま当てはめた結果得られる「非標準化解」と、モデルに含まれる全変数の分散を 1 に基準化した「標準化解」の 2 つの解の表現法を解釈に用いることができる。

　「非標準化解」と「標準化解」が同一の結果の 2 通りの表現であるかどうか、すなわちデータの尺度を変換(標準化)したとしても、解析結果が本質的には変わらないという特徴を「尺度不変性」とよぶ。重回帰分析法はこの特徴を備えている。しかし、例えば主成分分析は、相関行列にもとづくか、共分散行列にもとづくかで結果が変わり、それらの解を相互に変換することはできない。実は、SEM においては、後に記すように、解析の結果得られた母数の推定値が「尺度不変性」をもつかどうかは、解を求めるための「推定法」の選択に依存する。

　なお、このような心理概念間の説明関係を記述したモデルでは、一般に「標

---

[6]　実は、ちょっとしたテクニックを用いると、探索的因子分析モデルを SEM の測定方程式として使用することもできる。詳細は参考文献 [13] などを参照されたい。

準化解」のみを解釈に用いることが多い。これは、実際には観測されない潜在変数から観測変数への関与の度合いを表すパス係数について、単位量の変化を示す「非標準化解」を提示するよりも、逆にパス係数の大小を相互比較できる標準化解のほうが実際上有益であるためと考えられる。

(3) 不適解

不適解とよばれる現象について説明する。これは以下のようになる現象のことである。

- 分散の推定値が負になる
- 標準化解において共分散(相関係数)の絶対値が1を超える

分散は定義上0以上の値をとるべき指標であるので、負の値をとることは不合理である。あるいは標準化解における共分散、すなわち相関係数の絶対値が1を超えるということも同様に不合理である。

こうした不適解が得られる理由の一つは、モデルが適切でないことである。こうしたモデルは高い適合度を示したとしても、最終結果として採用すべきではない。他の理由として、データのサンプルサイズが少なく、解析結果がたまたま不適解を導く数値になっていることも考えられる。

(4) 適合度指標

ここではデータとモデルとの統計的な適合度を判断するための指標をいくつか紹介する[7]。モデルの適合度を判断するための指標は大きく、モデル全体を評価するための「全体適合度」と、モデル中の特定の部分(例えば、ある潜在変数と観測変数との関係を示す因子分析部)を評価するための「部分適合度」に大別される。

また、ここで説明する種々の指標はそれぞれ異なる視点からデータとモデルとの適合度を数値化したものである。そのため、「同じデータに対して異なるモデルを当てはめた際、どのモデルが最も適合するか」について指標間で結果

---

[7] 検証的因子分析法も含めたSEMの評価に使用可能な指標は非常に多数提案されているため、残念ながら、そのすべてを紹介することはできない。より詳しく知りたい読者は参考文献[14]を参照されたい。

に齟齬が出る場合もある。そのため、実際場面ではここで説明する複数の指標を組み合わせて、総合的にデータとモデルとの適合度を判断する必要がある。

なお、尺度不変性の有無と同様に、母数を求めるための推定法により、どのような適合度指標が得られるかが異なってくる。どの推定法でどの指標が得られるかは次節でまとめて説明し、ここでは適合度指標の性質のみを説明する。

① 全体適合度

1) カイ二乗検定

サンプルサイズが十分大きい場合、以下に対する統計的有意性検定を行うことができる。

- 帰無仮説 H_0：今回構築した仮説モデルは正しい

ここで注意すべきは、データ解析者にとっては「帰無仮説が採択されることが望ましい」ことに加え「帰無仮説は採択されたからといって、積極的に正しいと主張できるわけではない」点である。また、やや高度な議論になるが「今回構築した仮説モデルは正しい」という命題はそもそも必ず誤りである。モデルというものは現象を見通しよく説明し定量化するための道具でしかない。このため、近年では統計モデル一般について、その良さを「正しいか否か」の2値判断ではなく、「どれだけデータを説明するか」や「どれほどの予測力をもっているか」、「どの程度確からしいモデルなのか」の程度量で評価することが主流となっている。

さらに、この指標は統計的有意性検定であるため、サンプルサイズに極めて敏感に影響される。前述のとおり、厳密にはモデルは必ず間違っているため、「苦労してデータを集めれば集めるほど、帰無仮説が否定されやすくなる」という理不尽な傾向がある。

これらの議論を踏まえて、カイ二乗検定の結果について、筆者が推奨するスタンスは「棄却されないに越したことはないが、たとえ棄却されたとしても他の適合度指標の値に問題がなければカイ二乗検定の結果は無視する」である。

2) GFI、AGFI、RMR

これらの指標は「仮説モデルがデータをどの程度説明するか」を示すもの

である。GFI(Goodness Fit Index)は取り得る値の上限が1であり、値が大きいことは、モデルのデータへの適合が良いことを示す。慣習的に0.9以上の値をとるモデルはデータに十分適合していると見なしてよいとされるが、より厳しく「0.95以上を目安にすべき」という意見もある。ここで注意すべき点として、「GFIは複雑な(未知母数の多い)モデルほど、見かけ上適合がよくなる」という欠点をもつということがある。これを改善した指標としてAGFI (Adjusted GFI)がある。GFIとAGFIには、重回帰分析における決定係数と調整済決定係数と同様にAGFI≦GFI≦1の関係が成立する。

GFIやAGFIとは逆に、「観測データのうち、モデルで説明されない部分はどの程度か」という点に着目した指標としてRMR(Root Mean square Residual)がある。この指標は「下限である0に近ければ近いほど、モデルとデータとの適合が良い」ということを意味する。

3) 情報量基準

情報量基準は、SEMに限らず統計モデル一般のデータとの適合の良さを判断するための指標である。情報量基準の特徴として、「複数の候補のモデルのうちから相対的に適合が良いモデルを選択することしかできない」という点がある。これは情報量基準の値には上限や下限が存在しないためである。一方で、AGFIと同様に、むやみやたらとパスを引いたような複雑なモデルに対しては値が悪くなるという特徴をもつため、モデル比較にとっては極めて有用な指標である。

情報量基準のうち、著名なものとしてAIC(Akaike's Information Criterion)とBIC(Bayesian Information Criterion)がある。AICはモデルが「どの程度現象を予測するか」を、BICはモデルが「得られたデータに対してどの程度確からしいか」を、それぞれ数値化したようなものだと理解してもらいたい。両指標ともに「値が小さいモデルがより優れている」と解釈できる。

4) CFI、RMSEA

これらの指標は「仮説モデルと、観測データに何の構造も仮定しないモデル(≒見かけ上データに最大に適合するが、実質科学的には何の解釈もできない

無意味なモデル)との隔たりの大きさ」にもとづく指標である。

　CFI(Comparative Fit Index)は $0 \leq \text{CFI} \leq 1$ であるという性質をもち、「上限である 1 に近いほど適合が良い」とされる。目安としては、0.9 ～ 0.95 以上の値をとれば適合が良いモデルと解釈してよいだろう。

　RMSEA(Root Mean Square Error of Approximation)は 0 以上の値をとり、「下限である 0 に近ければ近いほど望ましく、0.05 以下であれば適合の良い、0.08 程度であれば中庸の、0.1 以上であれば適合の悪いモデルとする」という目安がある。

② 部分適合度
1) 決定係数(R^2)

　重回帰分析と同様に、SEM においても、「パスが引かれた変数(従属変数)の分散のうち、パスの出し元の変数(独立変数)がどの程度説明するか」を決定係数として求めることできる。

2) パス係数の検定

　サンプルサイズが大きい場合、パス係数の統計的有意性検定を行うことができる。ソフトウェアによっては、「帰無仮説 H_0：当該パス係数の値 $= 0$」とした場合の検定結果をデフォルトで出力するものもある。

　ここで注意して欲しい点として、SEM における適合度の考え方への重要な原則に「全体適合度は部分適合度に優先する」がある。すなわち、仮に帰無仮説が採択されたとしても、当該パスを削除したパス図や推定値の結果を報告してはならない。もしそうしたいのであれば、そのパスを削除したモデルを再度データと適合させ、パスを削除したほうが、全体適合度が向上することを示さねばならない。

(5) パラメータ推定法とそれらの特徴

　SEM におけるパラメータ推定の基本的原理は「モデルから理論的に計算される観測変数間の共分散」と「実際に測定された観測変数間の共分散」の間の「隔たり」を最小化することである。SEM の推定法で主要なものとして挙げら

れる「(重みなし)最小二乗法」、「一般化最小二乗法」、「最尤法」はそれぞれ異なる「隔たり」を最小化している。それぞれの「隔たり」がどのような式で表わされるかは本書の範囲を超えるため、ここでは触れず、それぞれの推定法のもつ実用上重要な性質についてのみ記す。

それぞれを特徴づける実用上重要な性質として、これまで見てきたとおり「尺度不変性の有無」、「不適解の発生しやすさ」、「適合度情報の得やすさ」がある。もう一つの視点として、母数の推定の精度という観点がある。

上記の3つの推定法の特徴を**図表2.20**にまとめた。

最尤法と一般化最小二乗法は尺度不変性を備えているが、最小二乗法は備えてない。この点からは最尤法と一般化最小二乗法が優れた推定法だといえそうである。一方、不適解の発生しやすさについては、逆で、最尤法は最も不適解を発生させやすく、一般化最小二乗法がそれに次ぐ。最も発生しにくいのが最小二乗法であるとされる。適合度情報の得やすさであるが、最尤法や一般化最小二乗法では、前述のすべての適合度指標を得ることができる[8]。しかし、最小二乗法では、GFI、AGFI、RMR 以外の指標を得ることは難しい。

これだけを見ると、単純最小二乗法は推奨されない推定法かのように思われるが、推定精度の点からは、実はそうとも限らない。SEM の下位モデルとしての因子分析法に限った議論ではあるが、参考文献[15]によると、サンプルサイズが小さい場合は最小二乗法から得られる推定値が最も高精度であるとされる。また、最尤法と一般化最小二乗法は、サンプルサイズが変数の数よりも大

図表 2.20 推定法の比較

推定法	尺度不変性の有無	不適解の発生しやすさ	適合度情報の得やすさ
最尤法	○	×	○
一般化最小二乗法	○	△	○
(重みなし)最小二乗法	×	○	×

---

8) 厳密には、情報量基準は最尤法を用いた場合でのみ定義できる量である。しかし、SEM においては適当な条件下で、最尤法と一般化最小二乗法はまったく同じ性質をもつため、GLS を用いた場合でも情報量基準の値が算出される。

きくないと使えないという特徴ももつ[9]。

では、具体的にどの推定法が望ましいかという問題だが、標準的に推奨される方法は最尤法である。不適解が生じやすいという欠点はあるが、これはむしろ優れた点とも解釈できる。というのも、不適解はデータに適合しないモデルでよく生じるため、不適解が生じたということは、モデルをより改善できる可能性があるという示唆でもある。サンプルサイズが小さい場合など最尤法が不適当と考えられる場合は単純最小二乗法で推定してもよいだろう。一般化最小二乗法を積極的に推奨できる場面は少ないが、例えば「最尤法では不適解が生じたが、実質科学的にモデルの改善はできそうになく、不適解の原因もモデルの誤設定によるものでないと確証をもて、かつ一般化最小二乗法では不適解が生じない場合」などである。

2.5.3　おわりに：より精密な研究に向けて

ここまで説明してきたように SEM は情緒的な心理概念間の説明関係を定量化し、仮説モデルの検討を行うことができる極めて強力な手法である。ここでは官能評価の実際場面で SEM を活用する際に課題となりうる点と、それへの対処法を述べる。

通常、官能評価分野では、「製品ごとに各評価用語の程度量を算出し、それら「製品×変数」の表を対象として種々のデータ解析法を適用する」というものである。このデータに対して SEM を適用する際の課題の一つは、①一般に、一度の試験で評価される製品の数は多くとも十数個であり、（評価用語の数に比べて）極めて少ないという点である。前項の「(5) パラメータ推定法とそれらの特徴」で記したように、こういった状況では、SEM における母数の推定が行えないことがある。もう一つの課題として、②「製品×変数」行列から得られた変数間の相関関係が、人の心理（認知）における変数間の相関関係と必ずしも一致するとは限らないという点である[10]。例えば、今回の事例において、

---

[9] ただし、ソフトウェアによっては「サンプルサイズ≦変数の数」である時点でエラーを出力し、最小二乗法による推定すら行えないこともある。
[10] 加えて、**2.3.1 項**にて触れられているように、評価対象の製品が、当該製品カテゴリを網羅的に代表していない場合、得られた結果の一般化可能性が低い場合もある。

第1因子は「快―不快／金属感」と命名された。しかし、言語的・意味的な類似性から考えると、「快―不快」と「金属感」が同一因子を見なすことは、にわかに受け入れがたい。すなわちこの結果は、人間が一般的に、金属的と認識するものを同時に不快とも認識するということを意味するのではなく、あくまで「評価対象となった車種について、ABS作動音が金属的である場合、同時に不快とも感じさせる」ということしか意味しない。

これらの問題は、「製品×変数」のデータではなく、人をオブザベーションとした「人×変数」の製品別データ、もしくは「人×(製品×変数)」形式のデータや「人×製品×変数」形式の箱型データを解析対象とすることで対処できる。まず、①の推定可能性(推定の安定性)については、パネリスト数を増やすことで担保可能となる。②の問題への対処については解析対象のデータ形式をどう選ぶかにより方略が異なってくる。

「人×変数」の製品別データを対象とする場合は、単に複数のデータ行列に対し、通常の表形式データに対する解析を適用し、その結果を比較検討すればよい。「人×(製品×変数)」形式のデータの場合は、例えば、参考文献[16]のモデルを用いることで、人間の心理空間の基本次元がどのような構造を成しているのかと、その次元上での製品の布置を区別して考察できる。

「人×製品×変数」形式の箱型データに対しては、Tucker分解[17], [18]やCANDECOMP/PARAFAC[19], [20]といった主成分分析法の3次元の箱型データへの拡張手法が利用可能である。

■第2章の参考文献

[1] 橋本竹雄(1991):「自動車の音質評価法」、『自動車技術』、Vol.45、No.12、pp.20〜25

[2] 佐藤清臣ほか(1989):「自動車の音質評価について」、『自動車技術会学術講演会前刷集』、892、pp.1〜6

[3] 斎藤晴輝ほか(1992):「自動車室内音質の評価法」、『自動車技術会学術講演会前刷集』、921、pp.53〜56

[4] 橋本竹夫ほか(1994):「粗さレベルの高度化」、『自動車技術会学術講演会前刷集』、941、pp.125〜128

[5] 小沢義彦ほか(1991):「自動車排気音の音色評価法について」、『自動車技術』、

Vol.45、No.12、pp.37～43
- [6] E. Zwicher & H. Fastl(1990)：*Psychoacoustics*, Facts and Models, Springer-Verlag
- [7] E. Zwicher(1992)：『心理音響学』、西村書店
- [8] 日科技連官能検査委員会編(1973)：『新版 官能検査ハンドブック』、日科技連出版社
- [9] Osgood, C. E., Succi, G. J., & Tannenbaum, P. H. (1957)：*The measurement of meaning*, University of Illinois Press.
- [10] 神宮英夫(1996)：『印象測定の心理学』、川島書店
- [11] 神宮英夫、土田昌司(2008)：『わかる・使える多変量解析』、ナカニシヤ出版
- [12] 岡田謙介(2014)：「心理学と心理測定における信頼性について―Cronbachのα係数とは何なのか，何でないのか―」、『教育心理学年報』、Vol.54、No.1、pp.71～83
- [13] T. Asparouhov & B. Muthén(2009)："Exploratory structural equation modeling", *Structural Equation Modeling*, Vol.16, No.3, pp.397～438
- [14] 星野崇宏、岡田謙介、前田忠彦(2005)：「構造方程式モデリングにおける適合度指標とモデル改善について：展望とシミュレーション研究による新たな知見」、『行動計量学』、Vol.32、No.2、pp.209～235
- [15] 猪原正守、松浦孝夫(1991)：「因子分析における最小2乗法と「正規」最尤法の非正規分布のもとでの比較実験」、『計算機統計学』、Vol.4、No.1、pp.13～24
- [16] 豊田秀樹(2001)：「探索的ポジショニング分析―セマンティック・ディファレンシャルデータのための3相多変量解析法―」、『心理学研究』、Vol.72、No.3、pp.213～218
- [17] L. R. Tucker(1966)："Some mathematical notes on three-mode factor analysis", *Psychometrika*, Vol.31, No.3, pp.279～311
- [18] P. M. Kroonenberg & J. de Leeuw(1980)："Principal component analysis of three-mode data by means of alternating least squares algorithms", *Psychometrika*, Vol. 45, No.1, pp.69～97
- [19] J. D. Carroll, J. Chang(1970)："Analysis of individual differences in multidimensional scaling via an N-way generalization of "Eckart-Young" decomposition", *Psychometrika*, Vol.35. No.3, pp.283～319
- [20] R. A. Harshman(1970)："Foundations of the PARAFAC procedure：Models and conditions for an "explanatory" multimodal factor analysis", UCLA Working Papers in Phonetics, Vol.16, No.1, pp.1～84

第3章

評価用語としてのオノマトペ

3.1 はじめに

　官能評価を実施する際に重要視すべきなのは、パネルと評価用語である。これは官能評価の参考書にも書かれているし、官能評価業務に携わる多くの方々が、幾度となく繰り返し実感していることでもある。

　官能評価を機器分析に喩(たと)えてみると、パネルは分析機器の本体、評価用語は測定項目に当たる。分析機器はその性能に見合った結果を出すことができるが、いかに高性能の分析機器を用いたとしても、測定項目が不適当であった場合には、得られる結果は意味を成さない。つまり、より良い結果を得るために、分析機器たるパネルはその精度・能力を常に向上させることだけに注力すればよいが、測定項目たる評価用語は、パネルの評価能力を最大限に引き出すのにふさわしい言葉、評価目的に適した結果が得られる言葉を、その都度用意しなければならない。したがって、「良い評価用語とは何か」と問われると、「いかなるパネルや目的でも使えて、的確に、漏れなく試料の特徴を検出できるもの」となるが、このような都合のよい言葉はそう簡単に見つかるものではない。

　官能評価のパネルは、消費者から専門家まで幅広く対象とされるが、消費者には平易な言葉が、専門家には特殊な専門用語が多く用いられる傾向がある。これは評価能力と検出力の兼ね合いから生じている。訓練を受けていない消費者はいわゆる素人であるため、評価に使用できる用語は限られる。結果、試料の特徴を検出する力は弱くなる。検出力を上げるためには人数を増やし、統計解析を行って誤差を推定する必要がある。一方、専門家には検出力の高い用語を多数用いることが可能である。評価能力も高いため、少人数でも実施可能で

ある。

　官能評価の目的も同様の構図を有する。目的は、嗜好と分析に大別されている。嗜好が目的の場合は、「好きか嫌いか」という直接表現、または、「快か不快か」というような、パネルが試料から感じ取った気分や印象を総合的に判断する言葉に限定される。試料に対する受容性を確認するために実施するので、当然ながら消費者がパネルとなる。一方、分析を目的とした場合、評価用語は試料の物理的化学的特徴（物理量）や、試料からパネルが知覚する情報（感覚量）を表現する言葉が用いられる。「硬いか軟らかいか」、「甘いか辛いか」、「暖かいか冷たいか」など多くの用語を使って多角的な評価を実施する。そのため、適するパネルは専門家である。

　パネルは2タイプあり、評価用語もそれに合わせて最低2セット必要となる。このことを理解して準備をしておけば、大抵のケースは対処が可能なはずである。しかし、実際はそう簡単にはいかず、多くの企業がさまざまな問題を抱えることとなる。問題として最も多いのは、評価の専門家である専門パネルの不足である。専門パネルを育成するには時間と手間が必要であり、その人数を維持するためには、それなりの投資と仕組みづくりが必要とされる。専門パネルが不足していると、専門家とはよべない社員パネルを使うことが多くなる。この社員パネルには消費者に近い素人が交ざっていることも多いため、専門パネル用の検出力の高い評価用語は使えず、評価用語の選定はとても難しくなる。

　したがってやはり、「いかなるパネルや目的でも使えて、的確に、漏れなく試料の特徴を検出できる評価用語」を見つけることが、根本解決になるであろう。

3.1.1　評価用語の開発

　評価用語を開発する際によく用いられる方法は、KJ法である。文化人類学者の川喜田二郎が発想法として開発したもので、ブレインストーミング（Brainstorming）後の分類整理を目的として用いられることが多い。KJ法の詳細は『発想法』(1967)、『続発想法』(1970)の2冊にまとめられている[1], [2]。

　評価用語の開発にKJ法を用いる場合は、「パネルとなる人達が、評価試料から連想される言葉を書き出し、類義語を分類してまとめ、その分類名を評価

項目とする」という流れになる。この方法の利点は、言葉の出所がパネル自身であるために理解が容易であること、分類名を説明する言葉が類義語として同時に得られるため、パネル間における理解のズレが生じるのを防げることである。しかし、同時にこれらは欠点ともなる。用語探索時に参加していなかったパネルにとっては、「言葉の理解ができない」、「違った意味に捉える」といった可能性が生じてしまう。

したがって、この方法でつくった評価用語に対しては、それぞれの意味を説明する定義文が必要で、新たにパネルとして加わる人に対しては、前もってその定義文をもとに意味を理解してもらうことになる。しかし、この定義文を作成するのは非常に難しい作業である。評価用語が比喩表現（直喩）であれば問題は少ない（定義文をつくる必要性が少ない）が、オズグッド（C. E. Osgood）(1957)が提唱した評価の3大側面である、評価性、力量性、活動性に関連するような評価用語に対して定義文をつくろうとすると、あれもこれも定義しようとして極めて長文となってしまう[3]。

例えば「噛みごたえ」を定義するとしよう。ありがちなのは「噛む際に感じる抵抗感」のような文だが、これではただ言い換えたに過ぎず、評価用語の定義としては不十分である。

「噛むとは1ストローク目か、それとも数ストロークの積算なのか？」、「噛むときの力加減は？」、「どのあたりの歯で噛むのか？」、「抵抗感とは硬性なのか弾性なのか粘性なのか？」。

このように、評価をするパネルの立場に立つと、定義してほしいことは多岐にわたり、これらをそのまま文章化すると極めて長文となる。したがって「噛みごたえ」はこのままでは評価用語として不適切であり、いくつかの項目に分解すべきとなるが、同様に他の評価用語も分解していくと、その数は無限に増えていく。そのため、次に行うのは評価目的に合わせた重要度を考え、用語を選抜するという作業が続くこととなる。

このようにして開発した評価用語は、当然ながら開発に携わった人達の専門性を反映する。細かく定義していけばいくほど、その傾向は強まる。その結果、素人に近いパネルが混ざると使えなくなるという事態に陥るのである。このような問題を解決するために、専門家と素人の隔たりを埋める評価用語の開

発が行われている。

3.1.2 特別な評価用語：共感覚的表現

　比喩表現（直喩）であれば、専門家と素人との隔たりは少ない。例えば「りんごのような硬さ」といえば、およそ同じような硬さを連想するであろう。しかし、評価用語としては使いにくい。理由は「程度」の情報が含まれていないからである。りんごより硬い、もしくは柔らかい場合は評価ができなくなる。言い換えると、比喩表現を使う評価は質的評価であり、量的評価ではないということである。これでは商品開発を考えるうえで情報が不足している。

　そこで直喩に代わる言葉として検討されているのが、共感覚的表現である。共感覚的表現というのは、ある感覚情報を異なる感覚の表現で修飾するもので、「透き通った味（視覚→味覚）」、「ざらざらした声（触覚→聴覚）」、「軽い香り（深部感覚→嗅覚）」などである。これらは隠喩（暗喩、メタファー）に属し、心理学で「通様相性」とよばれる、複数の感覚（様相）の間に共通して認められる心理的性質を利用した表現である。

　直喩との違いは、名詞ではなく形容詞（および修飾語）を喩えに用いるところで、評価用語として用いられる言葉の多くが形容詞（および修飾語）であることから考えて、その利用価値の高さがうかがえる。

　共感覚的表現を用いる利点としては、程度を表わす副詞（かなり、ややなど）を付けることができる（例：かなり軽い香り）ため、量的評価が可能ということである。そして、他感覚の表現を用いることで、評価の幅が広がるということもある。例えば櫻井ら（1997）は、明るさなどの視覚表現で香りを表現することが可能と報告している[4]。評価の幅が広がるというのは、漏れなく評価を行うというだけでなく、素人―専門家間の言葉の溝を埋め、共通して使用できる可能性を秘めている。

　さらに、これまでなかった評価領域を開拓、創造するということをも可能にする。例えば、まったく新しい味を開発しようとしたとき、「新しいがゆえにこれまでの味に関する表現では表現しがたい」というジレンマが生じる。このようなときに共感覚的表現を使えば、「ふんわりとした辛さ」のような味の設計が可能である。ただし、この場合は、「パネルがその意味を理解できる」と

いう必要条件がつく。

3.1.3　特別な評価用語：オノマトペ

　共感覚的表現よりも多く研究されているのがオノマトペである。擬音語や擬態語のことであり、これらはまとめてオノマトペとよばれている。擬音語は物から発せられた音や、動物が発する声(擬声語として区別することもある)を指す(カサカサ・ワンワンなど)。擬態語は物事の状態や人間の感情など、音として発せられないものを、擬音語のように模倣した言葉である(ジメジメ・ハラハラなど)。擬音語は実際に存在する音を言語音として模倣しているため、聴覚に関する言葉がほとんどであるが、擬態語は聴覚以外の感覚に関する言葉を言語音として模倣しているため、これらには前述の共感覚性が内在している。

　オノマトペのほとんどは副詞であり、状態や程度などを表わす言葉である。しかし、他の副詞と異なるのは、複数の意味を同時に併せ持つことである。例えば「サラサラ」というオノマトペは、手触りなどの触覚情報、砂や川の流れなどが動く様子を表わす視覚情報を含んでいる。さらに子音「s」を含むことにより、その音象徴として軽さや清らかさ、さらには心地よさといった感情をも連想させる。これが「ザラザラ」となると、同じ手触りに関する触覚情報であっても、濁音のもつ音象徴として粗さや重さ、そして不快な感情が想起される。このようにオノマトペ(特に擬態語)は、音、形状、形態、状態、様子といったモノに由来する意味と、感触、感情といったヒトに由来する意味とを併せ持っている。これは言い換えるならば、モノすなわち物理量と、ヒトすなわち心理量を分離することなく同時に表わす言葉ともいえ、冒頭で述べた2つの評価目的である嗜好と分析を同時に可能とする用語として、その利用が数多く研究されている(例えば竹本(2001)、熊王(2004))[5], [6]。なお、オノマトペについては『擬音語・擬態語辞典』(山口仲美、講談社、2015)など数多くの書籍があるが、心理学の観点からまとめられているものとして苧阪(1999)などもある[7]。

3.2 事例の紹介

以下に紹介する事例は、このオノマトペを化粧品の評価用語として応用する試みで、2000年10月に開催された「第30回　日科技連官能評価シンポジウム」における発表演題「スキンケア化粧品とオノマトペ評価」(竹本裕子、妹尾正巳：㈱コーセー)である。

スキンケア化粧品とオノマトペ評価

1.　はじめに

化粧品のなかでも洗顔料、化粧水、乳液などはスキンケア化粧品とよばれ、主に手にとって使用し、肌を清浄かつ健やかな状態に整えるアイテムである。

アイテムの使用目的上、洗顔料であれば洗浄力、化粧水であれば引き締め感(収斂)や保湿効果など、化粧品の効果を品質として開発するが、スキンケア化粧品では特に感触や触覚といった官能の品質に重点をおいて商品を開発する。作り手は専門パネルによる「分析型」の官能評価を行い、より良い品質の商品を開発することを試みるが、評価結果の良い商品が必ずしも売れるとは限らないのが現状である。

そこで、作り手は一般消費者のニーズを調査したり、「好き―嫌い」を問う「嗜好型」の評価を行ったりして、消費者が求める品質に即した商品を開発するが、その商品の品質が専門パネルと一般パネルでは評価の食い違いが起こったりして、嗜好を考慮して商品をつくったにもかかわらず、必ずしも消費者に受け入れられる商品ができるとも限らない。すなわち、従来の視点からでは、消費者に受け入れられる商品をつくり出すことができず、異なった視点からの官能評価、従来にはない商品開発のシステムを考える必要性がある。

消費者が化粧品を購入する際には、そのアイテムの効果、実際に使用したときの感触や皮膚感覚など物性にもとづいた評価や、価格や外装、そしてそれらに伴う嗜好など総合的に商品価値を判断し、購入を決定すると考えられる。総合的な商品価値の判断には、効果や感触といった物性にもとづいた品質だけで

なく，感情や期待，動機といったユーザーの心的状態も大きく関与していると考えられる．

　例えば，顧客が化粧品の広告を見てあるイメージを抱き，その化粧品に接したとする．そして，実際の化粧品が自分の好みや求めていた品質であったとき，「ほっ」としたり，「うきうき」したり，何らかの心地よさや満足感を抱く．逆に求めていたものと異なる品質であったときは，「うっ」とか「げげっ」とか，「何か違う」，「がっかり」といった意識を感じる．

　このような顧客の気持ちの変化や感情は，従来の官能評価では認知することのできないものであるが，こういった心的状況が次への購買行動や商品への支持的態度など，消費者の次の行動に影響を与えることになると考えられる．このような心的状態を「affection」とよんでいる(神宮，1996，1998)．

　ユーザーが商品と接してくれたときに，良いAffectionをもってもらえるような商品開発が今後重要であり，どのようなAffectionをもってもらえるのかをあらかじめ評価・予測しておくことが必要である．もちろん，商品開発には物性にもとづいた品質も重要であるが，気持ちや感情といったAffectionを考慮した商品開発をしていかなければならない．そこで今回，化粧品の物性とAffectionとの関連を考え，「オノマトペ」を用いた化粧品の評価を試みた．

　「オノマトペ；onomatopoeia」は擬声語・擬態語のことである．例えば，乳液を使ったときに「ぎとぎと」や「べたべた」と感じることがあれば，それは乳液の油っぽさを表現するとともに，何らかの「不快」をも意味していると考えられる．あるいは「すべすべ」と感じたならば，乳液を使用したときのなめらかさや，使用後の肌の感触がみずみずしいという官能を表すとともに，気持ちよさや「快」をも表現しうる．すなわち，オノマトペは物性や感覚の表現とともに，感情の表現も可能であり，専門家だけでなく一般消費者も日常使用し，理解されやすい言葉であると考えた．我々はオノマトペが物性とAffectionの両方を表現しうると考え，以下のような乳液の評価を行った．

2. 実験

2.1 乳液の官能評価

6種類の処方および官能の異なる乳液(図表3.1)について、7名の専門パネルで従来からの官能評価を行った。評価項目は、粘度・のびの軽さ・なじみの速さ・なめらかさ・清涼感・あぶらっぽさ・みずみずしさ・こく・膜厚感・べとつき・さっぱり感・しっとり感・肌の柔軟性・嗜好の14項目(図表3.2)で、7段階評価で行った。

図表3.1 乳液6種

乳液 No.	油	水溶性保湿剤	高分子重合体	タイプ
1	少	少	中～多	さっぱり
2	少	中	中	さっぱり～ノーマル
3	少	少	少	かなりさっぱり
4	極少	極少	多	さっぱり
5	極少	極少	少	かなりさっぱり
6	中	中～多	中～多	ノーマル～しっとり

図表3.2 官能用語とオノマトペ

官能用語	オノマトペ
粘度	ねばねば
のびの軽さ	ずるずる
なじみの速さ	ぽたぽた
なめらかさ	すべすべ
清涼感	すうすう
あぶらっぽさ	ぎとぎと
みずみずしさ	ぴちぴち
コク	ぬめぬめ
膜厚感	もこもこ
べとつき	べたべた
さっぱり感	さらさら
しっとり感	ばさばさ
肌の柔軟性	ごわごわ

2.2 乳液のオノマトペ評価
2.2.1 オノマトペ用語の選択と快不快度の評価
　触感に関係する131語のオノマトペを辞書から選定し、各々が表している状況が理解できるかどうかについて、大学生を中心とした32名に調査した。そして、理解できると回答のあった上位60語を求めた。官能評価に用いた嗜好以外の13項目に合致すると考えられるオノマトペを60語のなかから選定した。これらは、ねばねば・ずるずる・ぽたぽた・すべすべ・すうすう・ぎとぎと・ぴちぴち・ぬめぬめ・もこもこ・べたべた・さらさら・ぱさぱさ・ごわごわの13項目である（図表3.2）。これらオノマトペ用語に対して、各状況の快不快度（気持ちの良さの程度）を、5段階評価で調査した。

2.2.2 乳液のオノマトペ評価
　2.1節と同様の6種類の乳液に対して、専門パネル7名、男女各10名の大学生に、2.2.1項で選定した13のオノマトペ項目に関して、5段階評で評価してもらった。

3. 結果および考察
3.1 専門パネルによる乳液の官能評価とオノマトペ評価
　6種類の乳液に対して、7名の専門パネルで官能評価およびオノマトペ評価を行い、評定値の平均を求め、これらを使って主成分分析を行った。主成分分析による各評価での主成分負荷量および主成分得点の散布図を図表3.3〜図表3.5に示した。
　従来の官能評価での第1主成分の寄与率は82.1％、第2主成分の寄与率は9.9％で（図表3.3）、第1主成分には乳液の「しっとり－さっぱり」の軸が、第2主成分には「粘度」が抽出され、1軸の寄与率が高いものの、全体に評価用語が散らばって存在し、主成分得点を見ても各乳液が分離して評価されていた（図表3.4）。従来型の官能評価は乳液を差別化するうえで、精度の高いものであると考えられた。
　また、オノマトペで同様の分析を行った。第1主成分の寄与率は68.0％、第

86　第3章　評価用語としてのオノマトペ

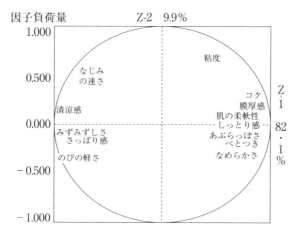

図表3.3　専門パネルによる官能評価（主成分負荷量）

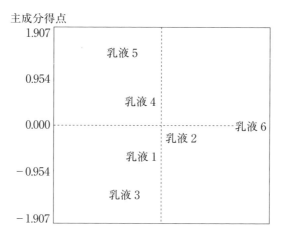

図表3.4　専門パネルによる官能評価（主成分得点）

2主成分の寄与率は16.5％であり（**図表3.5**(a)）、官能評価での1軸の寄与率よりも下がっていたが、「快─不快」の表現が1軸上に現れていた。主成分得点から乳液に関して布置したものが、**図表3.5**(b)である。官能評価およびオノマトペ評価いずれの布置とも、第1主成分に関してプラス側から6番・2番、そして1・3・4・5番の乳液という順番になっており、**図表3.1**より「しっと

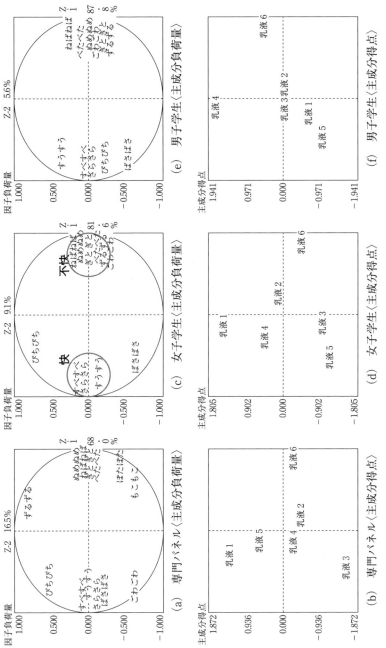

図表3.5 オノマトペ評価

り」―「ノーマル」―「さっぱり」という順番であることがわかった。

3.2　男女大学生による乳液のオノマトペ評価

　男女各10名の大学生についても同様に、オノマトペでの平均値を使った主成分分析を行った。女子学生の結果は、第1主成分の寄与率は81.6%、第2主成分の寄与率は9.1%であった（**図表3.5**(c)）。主成分得点から乳液に関して布置したものが**図表3.5**(d)である。男子学生の結果は、第1主成分の寄与率は87.8%、第2主成分の寄与率は5.6%であった（**図表3.5**(e)）。主成分得点から乳液に関して布置したものが、**図表3.5**(f)である。これらの結果は、ほぼ専門パネルの場合と同様に、第1主成分に関してプラス側から6番・2番、そして1・3・4・5番という順番で、「しっとり」―「ノーマル」―「さっぱり」という専門パネルの場合とほぼ同様であった。

　以上のことから、通常の官能評価でもオノマトペ評価でも、同様の結果が得られ、さらに物性に相応した結果であった。このことは、オノマトペが評価用語として充分有用性をもっていることを意味している。専門パネルの場合、第2主成分の並びは通常の評価用語とオノマトペとではかなり異なっており、オノマトペでの寄与率は官能用語のほぼ倍の寄与率をもっていた。つまりオノマトペは、より多様な側面に関する評価を内包した用語の可能性があるということを示していると考えられた。さらに、女子学生のオノマトペ評価では、専門パネルよりもより「快―不快」の用語が1軸に集中し、オノマトペにより、感情すなわちaffectionの表現が可能になっているとも推察された。男子学生の評価では、女子学生よりもさらに1軸の寄与率が高く、評価軸の広がりがない。これは男子学生が日常化粧品を触る機会が少ないため、乳液の評価に際して、感触というよりはほとんど「快―不快」の軸で評価していることを示している。オノマトペといえども、ある程度の化粧品に対する予備知識が必要なのかもしれない。

3.3　感情評価用語としてのオノマトペ

　オノマトペがより多様な側面を含んだ評価法であり、その一つに感情Affectionがあると考え、以下のような分析を行った。

13語のオノマトペについて、気持ち良さとしての快不快度得点を重みとして、それぞれの評定値にかけて13項目の合計点を各乳液について求めた。この値が大きければ大きいだけ、気持ちが良いということを表している。これを「総合気持ち良さ得点」として、乳液とパネルとのデータ行列から主成分分析を行った。

結果は、専門パネルでは第1主成分の寄与率が47.48%、第2主成分の寄与率は30.0%、女子学生では第1主成分の寄与率が38.65%、第2主成分の寄与率は29.52%であった。男子学生では固有値1.0以上のものが3主成分得られ、第1主成分の寄与率は39.56%、第2主成分の寄与率は25.18%、第3主成分の寄与率は17.94%であった。専門パネル、女子学生・男子学生、それぞれ主成分得点から乳液に関して布置したものが**図表 3.6** である。

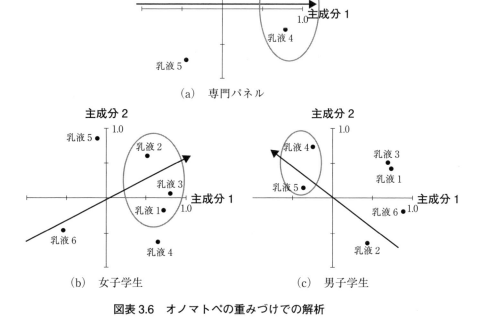

図表 3.6　オノマトペの重みづけでの解析

専門パネルの場合、6番の乳液以外では、第1主成分上で1・2・4番と3・5番とに分かれ、「さっぱり」と「かなりさっぱり」というグループ化ができる。「さっぱり」では気持ち良さを感じ、それ以上「さっぱり」でも「しっとり」でも気持ち良さの程度が低くなると推察される。女子学生の場合は、1・2・3番の油の少ない乳液を気持ち良いと感じ、油の量がそれ以上でもそれ以下でも気持ち良さの程度が低くなると考えられる。男子学生では、第1主成分が油分の多少に関係しており、第2主成分が水溶性保湿剤の多少に関係していると考えられ、4・5番の油と水溶性保湿剤が極少のものに関して気持ち良いと感じ、それらが少しでも増えると気持ち良さの程度が低くなると推察された。

　総合気持ち良さ得点という気持ち良さを加味した分析からは、各乳液に対して受ける印象の特徴が、より強調された結果を得ることができたと考えられる。そして、専門パネルではこれら6種類の乳液のなかで、6番が他とは異質な捉え方がなされているということが明らかとなった。また、男子学生では、物性に相応した分析的な捉え方をしていたようである。逆に、女子学生では、むしろ単純な捉え方をしており、気持ち良さに重みをもって、油分との関係のなかで評価がなされていたと考えられる。

4. 結論

　従来からの単なる物性に直結した官能評価ではなく、オノマトペを用いると感情を加味した、より全体的で総合的な評価が可能となり、従来とは異なった有用な情報が得られる可能性があると示唆された。

　「感情」はときとして、「官能」や「嗜好」よりも優先され、評価の基準となりうるものである（妹尾、1999）。すなわち、オノマトペによる評価は、品質の物性評価とともに、感情や気持ちといったAffectionの評価も可能である。そして、その言葉は専門パネルだけでなく一般消費者にも理解されやすいことから、「なんとなく」とか「雰囲気」とかいった、"ぽやっ"として捉えにくい感情や、無意識の内に抱く感情をそのまま把握することができる。

　自社では化粧品開発において、通常は化粧品のターゲットをある程度絞り（例えば、年齢で層別したり、肌質で区別したりする）、そのターゲットに合致

するようなコンセプト（官能品質・嗜好性・値段・外装・美容理論など）を設計し、商品をつくり上げる。では、このような一連の作り手の側に立った化粧品開発で、果たして一般の消費者、ターゲットとした顧客に、その化粧品がどれほど受け入れられ、そして購買行動に結びついているのであろうか。商品の企画時や発売前後に、消費者に対してその化粧品の嗜好や購買意欲などを尋ねる「市場調査」が行われるが、その結果からどれほど消費者の意識がわかるというのであろうか。

作り手の意志や官能評価によって開発された化粧品が、本当に消費者に受け入れられているのかを調べる目的で、現在市販されている乳液4種に対しても、一般パネルを対象にオノマトペでの評価、さらには感嘆詞を用いた評価をも試みた。従来からの官能評価を念頭に置きつつ、オノマトペ評価の妥当性と可能性についても、考えていきたい。

オノマトペによる評価は、ものつくりや商品開発だけでなく、サービスなどさまざまなものに対しても応用が可能であり、より消費者に即した広い視野での官能評価へと展開できると考えられる。

3.3　事例の解説

本事例におけるポイントは2つで、1つは従来より用いられている評価用語とオノマトペとの比較である。もう1つはパネルの属性がオノマトペ評価に与える影響である。いずれも評価用語としてオノマトペを使用することを前提としているが、さらには、オノマトペの快不快感情に焦点を当てることで、パネル属性ごとに異なる、商品の受容性評価としての役割もあわせて検討している。

3.3.1　乳液の官能評価実験に際して

本事例における評価対象は化粧品であり、そのなかでもスキンケア化粧品とよばれるカテゴリのものである。スキンケア化粧品とは肌の清浄および健康を保つことを目的とするもので、本事例ではさらにそのなかの乳液というアイテ

ムを取り上げている。乳液とは、肌にとって必要とされる油分と、水および保水効果のある水溶性保湿剤や水溶性高分子物質を原料とし、これらをエマルションの状態で分散混合した、白色粘性液状の化粧品である。適量を肌に直接塗布して使用する。主たる使用目的は肌の健康維持であるため、肌トラブル予防のために毎日使用することを基本とする。したがって、生理的な効果評価もむろん重要であるが、「毎日使い続けることができ、気持ちいいと感じるかどうか」という心理的な官能評価も極めて重要と考えられている。官能評価の対象となるのは、乳液の外観および香り、塗布時の触感、塗布後の肌の状態などである。

　事例中では**図表3.1**にあるように6種類の乳液が用いられている。乳液の原料である、油、水溶性保湿剤、高分子重合体の配合量を変えて実験的に作製した試料(転載論文では「サンプル」となっているが、以下、「試料」とする)である。タイプとあるのは、「さっぱり」―「ノーマル」―「しっとり」という一連の評価軸のことで、これらは官能評価用語として用いられるだけでなく、商品にも記載され、消費者が購入の際に感触の目安とする表現でもある。「さっぱり」、「しっとり」はオノマトペであるが、極めて多く用いられる官能表現であるため、事例中では専門用語(官能用語)として使用している。おおまかな傾向として、上記3原料の水に対する配合比率が多くなるとしっとりタイプに、反対に少なくなると(補整として水が増えるため)さっぱりタイプとなる。

　パネルは7名の専門パネルである。JIS Z 8144：2004に定義されている「専門評価者」のことで、「感覚の感受性の程度が高く、また、官能評価分析の経験がある選ばれた評価者のことで、多様な試料を評価するのに一貫した反復可能な能力をもつ評価者」である[8]。ただ、化粧品には非常に多数のアイテムが存在し、使い方や使用目的、使用部位が異なるものも多いため、すべての化粧品アイテムを評価できる真の専門評価者は少ない。そのため本事例においても、専門評価者だけでなく、スキンケア化粧品だけ評価できる特定専門評価者が含まれていた。

　なお、専門パネルと比較する対象として、女子大学生と男子大学生をパネルとしているが、これは、女子大学生が「化粧品の消費者(ただし、知識・経験が浅い)」、男子大学生が「化粧品未使用者(コントロール群)」としての想定か

らである。仮説としては、オノマトペを評価用語として使用すれば、これらパネル3属性間で生じる結果の差異は少なくなるというものである。

3.3.2 乳液の官能評価用語

乳液の評価用語を収集すると優に100語を超える言葉が得られる。しかし、試料の官能特性を的確に捉えることができ、商品開発をするうえで有用な情報を得ることができる言葉はおよそ15～30語である。通常はこれらを基本とし、新たなコンセプトがある場合には、それを表現する言葉を加えて評価する。本事例では14語が用いられているが、これらはいずれも基本用語に属するものである。以下には各用語の意味するところを抜粋する(ただし、定義文ではない)。

- 粘度：容器から中身を取り出す際に観察される流動性および粘性の度合い。着手(塗布し始め)の際に感じる感触を含む場合もある。
- のびの軽さ：着手から塗布面(顔面)全体にのび広げる際に感じる抵抗感の少なさ。手指でのばす際にはその手指が感じる能動的触知、コットン(乳液や化粧水を塗布するための綿)を使用する場合は顔側の受動的触知が主体となる。
- なじみの速さ：顔面に伸ばした乳液中の水など(揮発性物質)が蒸散し、残りの成分が肌に定着するまでの速さ。
- なめらかさ：なじませた後の肌(後肌)に感じるひっかかり(抵抗感)の少なさ。
- 清涼感：着手からなじませた後までに感じる清涼感(冷涼感)。強さと長さ(持続時間)の2側面がある。
- あぶらっぽさ：後肌に感じる油感の強さ(油感は直喩であり言葉で説明するのは難しい)。手指および顔面の双方で感じる。
- みずみずしさ：水感の強さ。あぶらっぽさの反意語としても用いられる。
- こく：着手からなじませた後までに感じる、抵抗感や油感などの感覚量(官能量)総量の多さ。
- 膜厚感：後肌上に残存していると感じる乳液の多さ(厚さ)。

- べとつき：手指と顔面が粘着する感じの強さ。
- さっぱり感：後肌に感じる水感や油感などの感覚量(官能量)の少なさ。
- しっとり感：さっぱり感の反意語。後肌に感じる水感や油感などの感覚量(官能量)の多さ。
- 肌の柔軟性：使用後に感じる肌の柔らかさ。使用前に比べての変化量。
- 嗜好：官能を総合的に判断した際の好き(嫌い)の程度。

これらの用語を前提とし、嗜好以外の上記13用語に近い意味を含むオノマトペを選定している。したがって仮説としてあるのは、既存の官能用語を使って評価した結果と、オノマトペを使って評価した結果はおよそ類似するというものである。

3.3.3 実験結果

図表 3.3、**図表 3.4** が既存の官能用語を使った評価結果、**図表 3.5**(a)(b)がオノマトペを使った評価結果で、いずれも専門パネルである。主成分分析により主成分負荷量から用語を布置したのが**図表 3.5**(a)、主成分得点から乳液試料を布置したのが**図表 3.5**(b)である。

まず、**図表 3.5**(a)に布置された用語を見比べると、仮説とした官能用語とオノマトペの類似(**図表 3.2**)は、決して高いとはいえない。理由として、「各組合せが同じ意味でなかった」という解釈もできるが、「オノマトペのもつ多義性が、評価の幅を広げた」とも考えられる。これは官能用語における第2主成分までの累積寄与率が 82.1 + 9.9 = 92.0% であるのに対し、オノマトペのそれが 68.0 + 16.5 = 84.5% であることからも伺える。

一方で**図表 3.5**(b)に布置された乳液試料は、寄与率の高い第1主成分得点でみると、乳液6＞乳液2＞乳液1＆3＆4＆5という分け方で、双方は類似している。これは「試料の弁別が寄与率の高い第一主成分に依存しており、その第一主成分の意味が同じであるために類似した」と考えられる。つまり、官能評価の主要な部分はオノマトペであっても変わらないと考えられる。

次にパネル間のオノマトペ評価比較である。**図表 3.5** の(a)〜(f)に結果が表わされているが、(a)(c)(e)の主成分負荷量散布図を見比べると、専門パネルから男子大学生に向かって、第1主成分の寄与率が上がり、オノマトペが2極

化して行くのがわかる。これは試料に対する知識・使用経験の少なさに従って、評価できる官能の項目が減り、最終的にはただ1つの感情(快か不快か)に収束するようである。しかし、(b)(d)(f)の主成分得点散布図においては、いずれも乳液6＞乳液2＞乳液1＆3＆4＆5という群に分かれており、専門パネルの官能用語の結果とも同じである。このことから、乳液という試料は官能と感情が密接な関係にあり、官能で評価をしても、感情で評価をしても、試料は弁別できる可能性を示唆している。

そこで感情に焦点を当てて追加解析をしたのが**図表3.6**(a)(b)(c)である。13語のオノマトペに対し、各語がもつ印象の快不快度を5段階で評価し、その結果を重みとして加えて計算した結果である。これらの結果をみると、各パネルとも乳液6＞乳液2＞乳液1＆3＆4＆5という3群に分かれていたのが、それぞれのパネルによって異なる形となっている。これにより、試料の単なる弁別という結果が、各パネルごとの受容性評価結果に変わったことがわかる。これは官能用語を用いた場合には得ることができない結果であった。

3.4 次の官能評価に向けて

商品開発を目的とした官能評価では、試料のもつ物理量と、パネルが感じる感覚量(官能量)を関連付ける情報が得られないと役には立たない。物理量は機器分析に置き換えることが可能である(むしろ機器分析のほうがよいことも多い)。しかし、感覚量はセンサー技術が進歩しつつある現在においても、ヒトでなければ難しい。さらに本事例にあるような感情を測ろうとするとなおさらである。官能評価はこれらすべてを測ることができる。ただし、有用な結果を得ようとする場合には工夫が必要なのである。その工夫の一例が本事例のオノマトペの利用であった。

3.4.1 質的評価

本事例では、13の官能用語を使った7段階評価が前提としてあり、その官能用語をオノマトペに置き換えたものであった。したがって、オノマトペ評価も13語であったが、「オノマトペは言葉の定義を説明することなくほとんど

のパネルが理解できる言葉」という前提であれば、13語に限定する必要はなかったかもしれない。ある程度、乳液の官能に関連する言葉はすべて盛り込み、0、1のカテゴリデータ（感じない―感じる）として評価し、数量化Ⅲ類で解析をすることで、今回の主成分分析のような第一主成分への偏りが減り、もう少し幅広く解釈できる結果が得られる可能性がある。しかし、この場合は「パネル数が少ないと解析できない」、「パネル間の結果のばらつきが大きくなる」などの問題が生ずることも考えられる。これらを避けるには、多くのパネルが「感じる」とするオノマトペに再び絞り込み、それらを多段階評価（0を含む）し、コレスポンデンス分析にかけることで回避できるのではないかと考えられる。いずれにしても、量を測定するだけでなく、質的評価の側面を盛り込むことで、オノマトペのもつ力をさらに引き出すことができるかもしれない。

3.4.2　オノマトペの注意点

　意味を説明することなく伝わるオノマトペであるが、評価用語として用いる際には注意すべき点がいくつか考えられる。

　まずは表記法である。擬音語はカタカナ、擬態語はひらがなという指摘もある（例えば、秋元（2010））[9]が、厳格な決まりがあるわけではなく、混在しているのが実状である。しかし、ひらがな表記とカタカナ表記では若干ニュアンスが異なる。文字を図形として見た場合、ひらがなでは曲線が多くやわらかな印象、カタカナは直線が多くて硬い印象が加味される。これは心理学でいわれる「ブーバ・キキ効果」（図形の印象と言語音の印象との間に関係がみられる効果, Ramachandran ら（2001））[10]に似ており、オノマトペが言語音から来る音象徴を利用していることを考えると、意外に大きな問題かもしれない。なお、本事例ではひらがなが使用されている。

　また、撥音（ん）、促音（っ）、長音（ー）の使用も注意が必要である。例えば、「つるつる」と「つるんつるん」、「つるっつるっ」では、意味する状態は同じであるが、その程度や内包される感情が異なっていると思われる。しかし、これらを厳密に区別することは難しい。文章に用いるのは表現の幅を広げる効果が得られるが、評価用語として用いた場合は混乱を生む可能性がある。

さらに地域文化の問題もある。多くの人が理解できるとしても、オノマトペによっては、地域による使用頻度の差が見られる。また、世代間による差や、流行などの影響も多分に考えられる。これらは何もオノマトペに限ったことではなく、すべての言葉に当てはまる問題であるが、言葉の定義をする必要があまりないオノマトペであっても、評価用語として用いる場合には、やはりパネルへの事前確認が必要と思われる。

　なお、日本語のオノマトペの利用は日本語を母語とするパネルに限られる。また、他言語はオノマトペが少ないため、日本語のオノマトペをそのまま他言語のオノマトペとして翻訳するのは、ほとんど不可能と考えられる。

3.5　おわりに

　官能評価経験の浅い人達が陥りやすい失敗は、パネルと評価用語の選定である。特に評価用語の失敗は注意していないと気づかないことが多い。これは逆にいうと、担当者の腕の見せ所ともいえる。

　しかし、文化や年齢などに影響されず、ほとんどの人が生得的に同じように認知できる言葉があれば、官能評価における評価用語の問題は解決するはずである。さらに、物性、感覚、感情の意味をあわせもつ言葉があれば、官能を多面的に捉えることができ、商品開発にとって非常に有用な情報をもたらすことは間違いない。その言葉として、今のところ最有力候補はオノマトペである。

■第3章の参考文献
[1]　川喜田二郎(1967)：『発想法』、中央公論社
[2]　川喜田二郎(1970)：『続発想法』、中央公論社
[3]　Osgood, C. E., Suci, G. J., and Tannenbaum, P. H. (1957)：*The measurement of meaning*, Urbana:University of Illinois Press.
[4]　櫻井広幸、神宮英夫(1997)：「香料の共感覚的表現」、『日本官能評価学会誌』、1, pp.109〜113
[5]　竹本裕子、妹尾正巳、神宮英夫(2001)：「スキンケア化粧品のオノマトペと感嘆詞による評価」、『日本官能評価学会誌』、5.3, pp.112〜117
[6]　熊王康宏、井上賀晴、神宮英夫(2004)：「食感の感性評価用語に関する研究」、

『日本感性工学研究論文集』、4、2、pp.77 〜 80
[7] 苧阪直行(1999):『感性のことばを研究する』、新曜社
[8] 日本工業標準調査会(審議):『JIS Z 8144:2004 官能評価分析—用語』、p.5、日本規格協会
[9] 秋元美晴(2010):『日本語教育能力検定試験に合格するための語彙』、アルク
[10] Ramachandran, V. S., Hubbard, E. M.(2001): "Synaesthesia: A window into perception, thought and language", *Journal of Consciousness Studies*, 8, 12, pp.3 〜 34

第4章 質的データの数量化
双対尺度・対応分析・数量化Ⅲ類

4.1 はじめに

　量的(定量的)データの統計量は、間隔尺度では、和や差をもとにする(算術)平均や標準偏差などが、比(例)尺度では、加減乗除をもとにした幾何平均や変異係数などが扱われるが、これに対し、質的(定性的・カテゴリカル)データは、名義尺度や順序尺度であるため、扱う統計量も定量的データとは異なり、選択肢の並びに意味をもつ。例えば、名義尺度にもとづくデータでは、複数のカテゴリーに属する人数や回数などの度数(頻度)を求めて、それらが全体に対し占められる割合(比率)が分析対象となり、カテゴリー間や試料間の違いが比較検討される。クロス表(分割表)をつくり、そこに示される独立した2群のデータの分布の差を証明するのであれば、χ^2検定が適用される。

　消費者を対象とする規模の大きなアンケートやインターネットの調査では、この名義尺度や順序尺度が用いられるデータはさらに大きくなる。事象を説明するために得たデータから、新たな座標空間(スコア)をつくり出すことが数量化である。この数量化の方法として、双対尺度法(Dual Scaling)、対応分析(Corresponding Analysis)、多次元尺度構成法(MDS：Multi-Dimensional Scaling)が適用される。これらは、量的データを対象とする多変量解析法でよく利用されている主成分分析や因子分析に相当する。

　本章では、双対尺度法を中心に、対応分析、多次元尺度構成法といった質的データの多変量解析法について概説する。

4.2 事例の紹介

以下に紹介する事例は、1991年9月に開催された「第21回　日科技連官能検査シンポジウム」における発表演題「スパイスの評価用語の選定」(國枝里美：高砂香料工業㈱)を取り上げつつ、「質的データの数量化」の概念と進め方を概説する。

スパイスの評価用語の選定

1. はじめに

スパイスは宝石に喩えられるほど、古くからその豊かで官能的な香りは人々を魅了し続けてきた。そして、現在では多種のスパイスやハーブはさまざまな料理の特徴付けや生臭さのマスキングなど、なくてはならない存在となっている。

しかし、スパイスやハーブとよばれる多くの物に対する位置づけや評価用語は、意外にも明確にはなっていないのが現状のようである。

そこで、今回、数種類のスパイスとハーブのマッピングを試み、さらに多くのスパイスやハーブに共通する評価用語の選定を専門パネルと一般パネルの両パネルにより検討した。

2. 評価方法

2.1 評価サンプル

評価したサンプルを図表4.1に示す。

サンプルは、比較的一般的に使用されている21種類を選んだ。

なお、今回のサンプルはすべて純末のものを使用している。

2.2 評価パネル

パネルはⅠ型(専門)パネル8名、Ⅱ型(一般)パネル19名の合計27名により

図表4.1　評価に使用したスパイス&ハーブ

サンプル名	産地	主な用途
ターメリック	インド	カレー粉、漬物
ジンジャー		スープ、カレー粉、ソース、ケチャップ、パン、肉料理
カルダモン		ミートローフなどの肉料理、カレー粉、ソース、ピクルス、コーヒー、アップルパイ、ソーセージ
クミン		カレー粉、チーズ、肉料理、ピクルス、ソーセージ、チャッネ
フェネグリーク		カレー粉、シロップ、チャッネ
タイム	フランス	肉料理、魚料理、ハム、ソーセージ、ソース、ピクルス、ドレッシング、ブーケガルニ
バジル		オムレツ、シチュー、スープ、トマトピューレ、ピザソース
キャラウェイ	オランダ	パン、ケーキ、ビスケット、チーズ料理、ソース
パプリカ	スペイン	料理の着色、煮込み料理、ソース、ケチャップ、卵料理、ドレッシング
クローブ	マダガスカル	ソース、ケチャップ、カレー粉、焼菓子、肉料理(特に挽肉料理)
ナツメグ	インドネシア	肉料理、ソース、トマトケチャップ、ドーナツ、カレー粉、ドレッシング
シンナモン	中国	ソース、カレー粉、ジャム、パン、ケーキ、パイクッキー、シチュー、ピクルス、リキュール
スターアニス		中華料理、(豚肉・鴨)、五香、ソース、カレー粉
レッドペッパー		カレー粉、タバスコソース、漬物、各種料理の辛味料
フェンネル		魚料理、ピクルス、カレー粉、ソース、パン、菓子
ブラックペッパー	マレーシア	肉・魚料理、ソース、スープ、ドレッシング、マヨネーズ、ピクルス、カレー粉
マスタード	カナダ	ピクルス、ビネガー、マヨネーズ、ドレッシング
セージ	トルコ	ソーセージ、ソース、肉料理、ピクルス、ドレッシング
ローレル		肉・魚料理、スープ、ソース、ピクルス、ハム、ソーセージ
コリアンダー	モロッコ	カレー粉、ステーキ、ソーセージ、ピクルス
オールスパイス	ジャマイカ	肉料理一般、ソース、ケチャップ、カレー粉

構成されている。

　専門パネルは当社研究所のフレーバーリストであり、一般パネルは同研究所、一般研究員の男女である。

2.3 評価手順

① 最初にパネル全員に各サンプルの香りについて Sniffing してもらい連想できるすべての言葉を挙げてもらった。

② この段階で 300 語以上の言葉が挙げられたが、このなかから形容的な言葉を抽出しパネルに挙げられた頻度数が高かった言葉や JIS、ISO などで定められた用語から必要と思われる言葉を検討しながら全部で 70 語を抽出することができた。

この抽出した言葉を図表 4.2 に示す。

③ これら 70 語を評価用語として、再度サンプルの評価を行い、各サンプルに該当すると思われる用語をパネルに選び出してもらった。

なお、今回の評価では、評価サンプルについてサンプル名などの情報はパネルに一切与えていない。

3. 評価結果

3.1 マッピング

パネルが各用語を選び出した回数を度数表にして、その結果から 60%以上

図表 4.2 スパイス＆ハーブの評価に使用した用語群

清涼感のある／華やかな／スッとする／さっぱりとした／生臭い／魅惑的な／すっきりとした／広がりのある／華やかな／薬臭い／深みのある／香ばしい／ツンとする／ピリピリする／刺激的な／ホットな／しつこい／泥臭い／粉っぽい／ドロッとした／辛そうな／生薬臭い／メタリックな／ほこり臭い／いがらっぽい／ざらついた／線の細い／ベターっとした／力強い／シャープな／焦げ臭のある／しっかりとした／落ち着いた／穏やかな／オイリーな／土臭い／透明感のある／くすんだ／湿った／乾いた／ぼやけた／クリアーな／インパクトのある／腐敗臭的な／醗酵臭的な／グリーンな／ボリュームのある／アクセントのある／丸みのある／上品な／酸っぱそうな／フルーティーな／ジューシーな／フローラルな／ヒリヒリする／みずみずしい／うすっぺらな／重い／ウッディーな／いもっぽい／やわらかな／まろやかな／肉感的な／引き締まった／樹脂的な／ムッとする／苦そうな／明るい／ゴム臭い／甘い

4.2 事例の紹介 103

のパネルが選んでいた用語に注目し、27の用語を拾い出すことができた。

この選び出された用語27個と21種類のサンプルの関係を双対尺度法により明らかにするよう試みた。分析には双対尺度法(N88)を使用した。

最初に、専門パネルによる結果を**図表4.3**に示す。

説明率はⅠ軸24.0%、Ⅱ軸19.0%で合わせて43.0%となった。

この専門パネルの結果によりスパイスやハーブはいくつかの大きなグループ

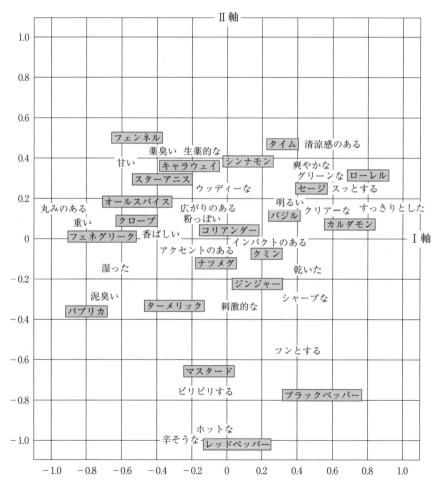

図表4.3　双対尺度法によるスパイス・ハーブのマッピング（専門パネルによる）

に分けることができた。

- **爽やかさ**グループ：タイム、セージ、ローレル、バジル、カルダモンなど
- **刺激のある**グループ：ジンジャー、マスタード、ブラックペッパー、レッドペッパーなど
- **薬臭い**グループ：フェンネル、スターアニスなど
- **アクセントのある**グループ：ナツメグ、クミンなど

しかし、パプリカ、ターメリックの位置づけについては、評価用語はいまひとつはっきりとしなかった。

また、今回使用したサンプルのなかで、マスタードについては、純末を用いたために特有の鼻にツーンとくる刺激はなかったが、それでも専門パネルにおいてマスタードはきちんと認知されていた。

3.2　評価用語の検討

次に専門パネルと一般パネルの評価結果について一緒に解析をしたのが**図表 4.4**のグラフである。

専門パネルと一般パネルでは、パネル数が異なっているので、単に用語を選んだ度数ではなく、人数に対する割合を求めて、解析を行った。

説明率はⅠ軸 25.0％、Ⅱ軸 18.0％で合わせて 43.0％となった。

ここでは、専門パネルと一般パネルが同じサンプルを、どの評価用語と結びつけているのか、また、サンプルの位置付けをどうしているのかを見ることができる。

まず、専門パネルの評価によるサンプルと評価用語の関係は、マッピングの結果とほぼ同じであった。

これに対して、一般パネルの評価したサンプルは、専門パネルのそれに比べて、グラフの中央部にサンプルが集まってしまい、サンプルの位置づけが曖昧になってしまっていることがうかがえた。

一般パネルの評価結果のみでも双対尺度法により解析を行ったが、やはり評価用語もサンプルも専門パネルの結果より、ずっと中央に固まってしまう結果しか得られなかった。

しかし、**図表 4.4** の結果を見てもわかるように、一般パネルの評価では、ほとんどのサンプルの方向は中央部に位置しているとはいえ、専門パネルと同方向にあり、各サンプルのキャラクターをそれなりに認識しているようにも考えられる。

また、キャラクターのはっきりとしているサンプルについては専門・一般の評価位置も近くなっていると思われる。

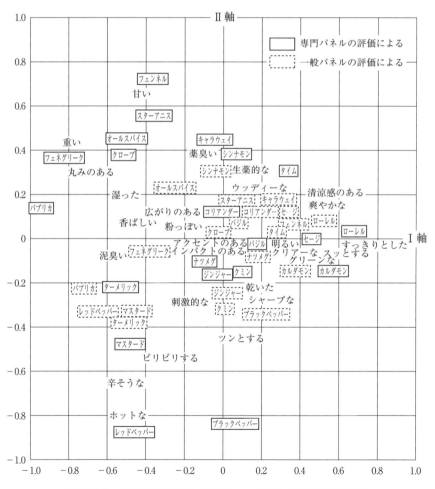

図表 4.4　双対尺度法による専門・一般パネルの評価の違い

以上の結果をもう少し詳しく検討することにした。

3.3 追加処理

専門パネルの評価を双対尺度法により解析したデータをもとに、一般パネルの評価結果を基準化した。

この処理は、専門パネルと一般パネルの評価の違いを見ようと試みたものである。

データ処理は以下のような手順で行った。

 ① 専門パネルの評価を双対尺度法の結果から、第Ⅰ、Ⅱ軸の各サンプルについて比を求める。
 ② 一般パネルの生データを①で求めた値によって重み付けする。
 ③ 各軸の固有値で各値を調整する。

この処理の方法によって、専門パネルと一般パネルの評価用語の同一の重み付けをしたときの各サンプルの評価の違いがわかる。

この処理から得られた値について、専門パネルにより評価されたそれぞれのサンプルの各用語との位置関係とともに、同一平面上に、一般パネルの評価の様子をプロットすると図表4.5に示したようになった。

この図を見ると、●印で表した一般パネルの評価したサンプルを専門パネルの評価したサンプル位置から→で結んでみると、ほとんどのサンプルが中心に固まっている。

この結果から専門パネルの方が各サンプルに対して適切な用語を使用していることが考えられる。それに対して一般パネルの場合、たくさんの評価用語に惑わされて確実に用語を選択できなかったのではないだろうか。

4. 考察

最初の評価で連想できるすべての言葉を挙げてもらった際には、専門パネルよりも一般パネルのほうがずっと多くの言葉を連想しており、専門パネルはごく少数の言葉のみでそのサンプルのキャラクターを表現し、さらに連想を求めるとその香りの組成成分名を挙げる傾向にあった。

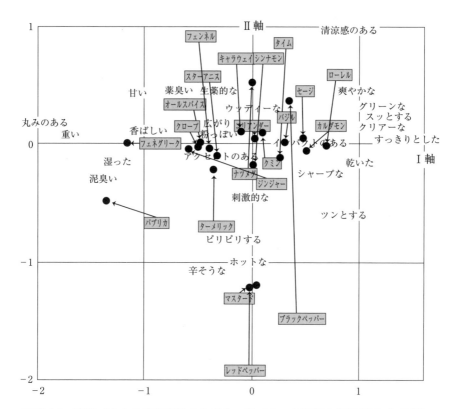

図表 4.5　専門パネルの評価基準から見た一般パネルの評価の様子（追加処理後）

　このことと、70 の評価用語から各サンプルのキャラクターを選び出した結果から、一般パネルは各サンプルの匂いをきちんと把握しておらず、いろいろな言葉を挙げて、そのキャラクターを模索している途中の段階であり、双対尺度法の結果でもサンプルの分類が曖昧なものになってしまったようである。逆に専門パネルでは少ない用語でサンプルのキャラクターを把握する訓練は日常の業務からかなり習得されていることがわかった。

　また、最初に連想できる言葉として、各サンプルの特徴と考えられる、多くのパネルにより挙げられた言葉が、用語群から選び出す段階になるとまったく挙げられていないことがあった。

　これは、初めに特徴としてとらえた言葉を次の評価の段階においてパネル自

身が当たり前の言葉としてとらえてしまい、もっと違った言葉でサンプルの特徴を表現しようとしていることが考えられる。

5. おわりに

今回の評価では、スパイスやハーブの大まかな特徴を示すマッピングとそのための評価用語をいくつか選び出すにすぎなかった。当初計画していた評価サンプルの数に比べ、かなり少ない。今後、サンプル数を増やすことにより、さらにはっきりとしたマッピングが可能になると考えられる。

また、これを基本として今後さらにスパイス評価に役立つ方法・用語を検討していく必要があると思う。

今回、サンプルはすべて純末を使用したが、サンプルによってはオレオレジンやオイルなどのほうが一般的に使われているものもあることを考慮して、次の評価の課題としたい。

また、パネルの評価に対する負担を考え、今回の評価はSniffingのみの評価であったが、実際は口に含むものなので、口中での評価も必ず行わなければならないと思う。

4.3 事例の解説

4.3.1 質的データの解析手法

(1) 双対尺度法(Dual Scaling)

双対尺度法とは、1982年、西里静彦によって提案されたデータ解析法であり、質的データを数量化して、解釈を容易にすることを目的とする方法である。

例えば、嗜好調査などのアンケート用紙では、多肢選択法を含めて、回答者が、設問に対して「そう思う」ものだけを選ぶように設計されることが多い。そこで、Yes/Noを1 or 0として、二値形式のデータをクロス表にまとめることが多い。また、自由記述回答からは、文脈から適切な語彙を切り取り、収集されるテキストマイニングの手法が適応される場合、これも最終的には適切に

収集された語彙の数を頼りに数量化される。いずれの場合も、得られたデータをそのまま計量値として使うことはできないので、情報を集約するためにクロス表(分割表)にまとめられる。双対尺度法では、表(1, 0)と裏(0, 1)の二元のクロス表(分割表)をもとに、比率データの扱いのように多次元空間内に布置する多次元データへと置き換える。

双対尺度法は、量的データの解析法である主成分分析法や正準相関分析と概念的に近い。

量的変数を扱う主成分分析では、X_1、X_2、X_3、……の量的変数に重み w_1、w_2、w_3、……をつけることで合成変数 Y をつくり(式(4.1))、この Y の分散を最大にするように重みを決定する。

$$Y = w_1 X_1 + w_2 X_2 + w_3 X_3 + \cdots + w_n X_n \tag{4.1}$$

ただし、$w_1^2 + w_2^2 + w_3^2 + \cdots + w_n^2 = 1.0$

合成得点の分散の最大値は固有値に等しく、このときつくられる合成変数が主成分であり、重みが負荷量である。ただし、主成分分析は、線形関係が明らかな場合を前提とする分析法であるため、線形性が弱い場合には、変数間の関連を抽出しにくくなる。一方、双対尺度法は、行と列の双方を並び替えることで、非線形関係において線形性が最大になるものを見つける。

図表4.4に、嗜好を重視するパネルを調査対象とする場合のアンケートや官能評価について、パネルの属性の違いによる結果の違いを双対尺度法で解析し図示した結果が示されている。

匂いの質の表現は、専門家の間では、通常、香調や香料単品名、そのパフォーマンスの状態で示される。一方、消費者がこの香調表現を把握している例は稀であり、さらには、日常自らの嗅覚の反応も、それを刺激する匂いがどのようなものかもほとんど意識していないのが現状である。匂いの評価に限定すれば、評価者からその印象を抽出し、評価用語とその基準臭を決定することは決して容易ではなく、最終的にサンプル特性を評定するまでには評価者の訓練なども含めて相当大掛かりな作業となる。

消費者パネルが印象として挙げる表現方法から評価用語を抽出した場合においても、実際の匂いサンプルの評価では、プロファイルの違いについて評価することは難しいことがこの図からうかがえる。特に、香質表現については、モ

ノの特徴を捉える用語が、モノとの対応ができていることが評価の前提となるため、モノと用語との関係について学習あるいは訓練を行う必要がある。

　この一般パネルとエキスパート（専門パネル）の匂いの質に対する評価能力の違いについて検討するため、専門パネルのデータをもとに一般パネルの評価を基準化した双対尺度法の結果を見ると、専門パネルが評価したサンプルの位置（サンプル名が四角で囲まれている）に比べ、一般パネルの評価したサンプルの位置（●で示す）には強い中心化傾向が認められる。このことは、一般パネルがスパイス・ハーブの匂いの特徴を摑みきれず、エキスパートに比べて、曖昧な評価となっていることを示唆している（図表4.5）。ここで行われた群間の比較に双対尺度法上での追加処理が行われている。

(2)　双対尺度法におけるデータの追加処理（Supplementary Treatment）

　双対尺度法では、一組のデータセットに対して、行方向や列方向へデータを追加する処理を行い、比較分析を行うことができる。図に布置される数量化得点の位置が大きく外れたり、偏りが見られるなど、特異的な値がデータ構造の歪みに影響している際には、特異値を除き、再度、解析を行って新たな布置を得る。

　複数の群の違いを同時に比較する際、それぞれのクロス表を一括して解析する場合と、ある群を基準データとして、他群を追加処理の候補として分析する場合がある。前述の例は、エキスパートデータから得られた質的データの特徴を基準として、消費者の反応データがどのように位置づけられるかを検討したもので、専門家と消費者のクロス表の値がそのまま用いられたわけではない。用語に対する専門家と消費者の選定の違いを明確にしたい意図があることから、追加処理が行われている。追加処理は、群間比較の目的に合わせて行うかどうかを選択すればよい。

(3)　双対尺度法を使う際の注意点

　統計分析のうえでは、絶対尺度、比率尺度、距離尺度のほか、順序尺度、二値の質的変数も量的変数と見なされ、同等に扱われる。二値形式の反応型データにおけるカテゴリー省略の問題について、アイテム・カテゴリー型データに

対する双対尺度法の解は、量的データの値と見なして主成分分析を適用した場合の解と近い関係にあるとされるが、一方で、二値形式のアイテム・カテゴリー型とそのカテゴリー省略型（多重選択型に対する双対尺度法）の解の相違については、少なくとも各個体の第1カテゴリーに対する反応数が同じ場合には、各項目に対する周辺度数がその解の相違に大きな影響を与えることが指摘されている。多肢選択型には、選択数を指定する複数選択方式と、選択肢のうちの選択数を限定せずに該当する選択肢のすべてを選択する複数択一（二値）方式との二通りの形式がある。複数選択形式の場合では選択してもらう数の変数となり、複数二値形式の場合では選択肢（項目）の数の分が変数となる。複数二値方式の場合、入力の方法には、1、0またはブランクと入力する二値データ式と、選択された項目の番号を追い込んで入力する方法との二通りがある。二値データ式の場合、項目数だけのカラムが必要となる。追い込み方式の場合では、項目数×項目番号の最大値の桁数が必要となるが、あとで二値データ方式に変換する。

当然、欠損値の扱いも結果に影響を及ぼす。「欠損値を無視するのか」、「欠損値を含む列、あるいは行を削除するのか」あるいは「何か意味をもつ数値を補完するのか」など、シミュレーションすることで実際のデータへの適用を試みるべきである。

実際、先行研究では、「内的整合性（相関比の2乗）を最大にするように欠損値を補完する」、「欠損値をもつデータと欠損値のない項目で最も類似した反応パターンを示すデータによって補完する」、「欠損値を無視する解を求める各段階でその影響を除去する」などが提案されているが、これらの方法を適用するためには、データが比較的明確な構造をもっていることが必要であり、しかも欠損データの比率が半分を越えるような場合には適用は難しいとも指摘されている。

4.3.2　数量化Ⅲ類と双対尺度法と対応分析の違い

1940年代に林知己夫によって提案された数量化理論のうちの数量化Ⅲ類（Quantification Method-TypeⅢ）は、質的変数を外的基準に合わせるのではなく、その内部構造を明らかにするべく分析し、変数間の関係を要約・記述する

ことを目的とした統計手法であり、定性的変数に対する因子分析的方法とも解釈できる。また、フランスの研究者 Benzecri によって Analyse Factonelle des Correspondances(AFC)として1960年代に提唱されて以来、欧米で広まった対応分析(Correspondence Analysis、コレスポンデンス分析)法も質的データを解析する類似の方法である。開発された背景はそれぞれ異なるものの、これらは、いずれもクロス表(分割表)をもとに多次元データをつくり、それを特異値分解して行・列の両方に重みを与える点で、双対尺度法と基本的なアプローチは同じである。

ただし、双対尺度法と対応分析では、出発するこのクロス表(分割表)が表(1, 0)と裏(0, 1)の二元の形式で、比率データのように2つの方向から多次元空間内に布置する多次元データへと置き換えられる(**図表 4.6**)。一方、数量化Ⅲ類では表(1, 0)のクロス表を対象としており、出発するクロス表の形式が異なる。

また、個体間の類似性をデータの類似度あるいは距離から低次元に配置する方法として、多次元尺度構成法(MDS：Multi-Dimensional Scaling)もよく用いられる方法である(**図表 4.7**)。この多次元尺度法については、次章の解説を参

図表 4.6 対応分析、および双対尺度法が分析する行列

被験者	項目1(Yes)	項目1(No)	項目2(Yes)	項目2(No)	項目3(Yes)	項目3(No)	合計
S1	1	0	0	1	1	0	3
S2	0	1	0	1	1	0	3
S3	1	0	1	0	0	1	3
S4	1	0	0	1	1	0	3
S5	1	0	1	0	1	0	3
	4	1	2	3	4	1	

図表 4.7 数量化が分析する行列

被験者	項目1	項目2	項目3	合計
S1	1	0	1	2
S2	0	1	1	1
S3	1	0	0	2
S4	1	0	1	2
S5	1	1	1	3
	4	2	4	

照いただきたい。

4.3.3　質的データの解析

　近年、インターネットの普及とデータの取得や解析のためのソフトウェアなど、環境の整備が進み、比較的容易に、多変量の質的データを得ることができるようになった。テキストマイニング技術の進化からも、多変量の質的データは、ますます、さまざまな分野で収集、多用されている。質的データは、量的データのような数量の扱いは難しいが、その情報量は、量的データに比べて多く、必要な情報を適切に抽出できれば活用度は高い。本来、質的データは、数値で表すことのできないデータであり、データの収集のためにコーディングを行い、カテゴリ化される。このような質的データは、仮説をつくる際に用いられることが多く、必然的に、数量化しようと試みる機会は増える。一方では、ソフトウェアに依存した形式的な解析は、データの本質的な特性を読み解くことを軽視する傾向へと導きやすい。調査や実験の事前に、計画と予備テストの実施も大切な作業である。

　フリーソフトRを使えば、双対尺度法や対応分析法の解析も可能である。データの構造と解析結果との関連性を実感するためにも、よく知るわかりやすいデータを使って解析してみるとよい。

■第4章の参考文献
[1]　西里静彦(1982)：『質的データの数量化―双対尺度法とその応用―』、朝倉書店
[2]　國枝里美(2008)：「消費者パネルに対する調査における課題―印象評定の国際比較を例にして―」、『食品と技術』、No.4、pp.11～19
[3]　山田文康、西里静彦(1993)：「双対尺度法に関するいくつかの特性―2値形式のアイテム・カテゴリー型データに対する適用―」、『行動計量学』、第20巻第1号(38)、pp.56～63

第5章 アンケート調査と多変量解析

5.1 はじめに

　商品の企画開発において、企画立案から開発の指針や方向性を決定する際に判断基準の一つとして市場における現在の製品の販売動向を見るだけではなく、消費者の潜在的なニーズを探り、仮説のないところから仮説を立てるということが重要な役割を担う。そのために、マーケティングでは、質問紙によるアンケート調査を実施することが多い。アンケート調査は、あらかじめ用意した質問を用いて、多数の人に回答してもらうことで、情報を収集する手法であるが、扱うデータは、基本的に、**第4章**にある質的データである。

　本章では、マーケティングという観点から、アンケート調査の留意点とそのデータ解析で用いられる多変量解析の手法について解説する。あわせて、製品開発における官能評価の役割についても解説する。

5.2 事例の紹介

　本章では、1998年10月に開催された「第28回　日科技連官能評価シンポジウム」における発表演題「Middle Ageの食生活と嗅覚感度について」(國枝里美、諏訪原友紀：高砂香料工業㈱)を取り上げつつ、「多変量解析とマーケティングへの展開」について概説する。

Middle Age の食生活と嗅覚感度について

1. はじめに

　現在、我が国では、高齢者社会に対応すべく、さまざまな取組みが行われているが、そのなかでも食に関連する問題は、生命維持に直接的に関与する生活の基本的部分であると考えられる。

　我々が高齢者社会に向けて考え得る対応策としては、物質面における快適性や機能性に重点を置く一方で、基本的な栄養摂取や精神面での安定など総合的な健康社会という概念を重視した研究、開発を推し進めていくべきであろうと考える。

　食品香料の役割を考えた場合、高齢者に対し、食物を栄養あるいはエネルギー補給を目的としてただ食べさせるのではなく、加齢に伴う感覚器官の衰えや障害の影響に配慮したうえで、食物のもつ香味の補助・改善に有効活用することができると考えられ、高齢者に対し、精神的にも満足できるような食品の開発、提供に役立つことができるものと思われる。

　加齢に伴う嗅覚機能の感度の程度を探ることにより、実際のフレーバー開発に直接的な知見をもたらすことは大いに期待できるところである。

　しかしながら、高齢者を直接対象とした調査は、単なる感覚機能の衰えだけではなく、さまざまな疾病や障害を伴う人の割合が多いことから、かなりの時間を費やす必要があるうえ、調査結果自体にさまざまな要因がかかることも多い。

　一方、年齢に伴う感覚器官の衰えは60才代を境に進むことが報告されていることから、この年代に着目して、それより若い年代との食生活と感覚機能の変化を確認すれば、匂いの開発において、具体的な知見が得られやすいのではないかと考えた。

　さらに、味嗅覚感度と食品に対する嗜好の関係について、第22回、第25回の本シンポジウムにおいて、感度と嗜好の間の関係が示唆されていることを報告した。

　これらのことを踏まえたうえで、今実験では次世代の高齢者層となる40〜

60才代の食生活についてアンケート調査を行い、その実態を調査、把握するとともに、食品中に深く関与する8種の異なるタイプの香料成分に対する嗅覚感度および嗜好性について同時に調査を行った。

2. 評価手順

2.1 食生活調査（アンケート調査）

アンケートの内容は主に、居住区域の特徴、食を含む生活状況、食や健康に対する意識調査の項、食品に対する嗜好性に関する項に大別、成り立っている。この調査は、郵送法による調査のため、設問内容はできる限り簡潔に示すよう心がけた。また、ほとんどの設問は該当箇所をチェックすることとし、記入方式は例外的にある程度である。

2.2 嗅覚調査

食品に深く関与する香気成分8種について、その匂いに対する感度・嗜好・識別能力に関する調査を行った。使用した8種の香気成分については20才代の男女10名において予備テストを行い、感覚強度の一定化および各匂い成分の実際の食品の匂いとの結びつきを確認している。予備テストの結果をもとに濃度調整を行った後、インク状にして調査シートに塗布した（**図表5.1**）。

調査シートには、一枚につき1種類の匂いインクが塗布されており、この塗

図表5.1 マイクロカプセルインクのサンプル

1)	野菜	まつたけ	Methy cinnamate + Matsutakeol(10：1)
2)	スパイス	ニッキ	Cinnamic aldehyde
3)	シトラス	レモン	Citral
4)	嗜好品	バニラ	Vanillin
5)	嗜好品	チョコレート	5-Methyl-2-phenyl-2-hexenal
6)	発酵	チーズ	Butyric acid
7)	フルーツ	バナナ	iso Amyl acetate
8)	花	バラ	Phenylethyl alchol

布部分を擦ることにより匂いを嗅ぐことができる。
　パネルはこのシートから確認した匂いについて、同一紙面上に記載された感覚強度、嗜好性に関する設問に対し、5 段階尺度で回答し、最後に 8 つの食品群のなかからその匂いと最も対応する食品名を選び出す作業を行った。
　8 枚のシートの回答をすべて終了した後、全シートの一括回収を行った。

2.3　パネル

　パネルは東京近郊在住の 40 才～ 60 才代の男女 103 名(男性 52 名、女性 51 名)であり、内訳は 40 代 34 名(男性 17 名、女性 17 名)、50 代 37 名(男性 18 名、女性 19 名)、60 代 32 名(男性 17 名、女性 15 名)である。
　調査の事前に、全パネルには調査依頼を行い、許可を得たパネルにのみアンケート調査および嗅覚調査用紙を郵送した。このとき謝礼および返信用封筒を同封した。
　アンケート調査と嗅覚調査はパネルの心理的影響を考慮し無記名式とした。
　これらの調査シートはパネルに直接郵送され、投函日の消印から 10 日以内に返信(当日消印有効)してもらうこととした。

2.4　集計・解析ソフト

　集計では Microsoft 社 Excel Ver.5.0 for Macintosh、統計解析には SPSS Ver.6.0 for Macintosh、Stat view J-4.1.1. を使用した。

3.　結果

3.1　アンケート調査結果

(1)　パネルの属性
＜就労割合＞
　男性では収入のある仕事はしていないと回答した人の割合は 40 才代で 1 割強、60 才代で 2 割強となっていた。一方、女性では年代が上がるほど収入のある仕事はしていない人の割合は増加するが、何らかの形で仕事に従事している人の割合は 40 才代で 7 割、50 才代で 5 割強、60 才代で 5 割強と比較的多い

ことがわかった。

＜配偶者の有無＞
　40才代では男女ともに1割強の人が配偶者がなく、50才代では男性が1割以下の人に配偶者がないのに対し、女性では配偶者のない人の割合が多く3割を超えた。60才代では男性では配偶者がない人はおらず、女性では2割の人に配偶者がなかった。また、現在、親あるいは配偶者のいる子供との同居世帯は1件のみであった。

＜現在の健康状態＞
　今回の調査パネルの健康状態は良好で、特に日常生活を送るのに介護などが必要となるパネルはおらず、食べることに大きく関係する咀嚼などに関する質問についても、1名を除く、全員が何ら支障なく通常の食生活を送っていることがわかった。

(2)　食に対する意識
　食に関する項目に注目すると、食事は年代が上がるほど、家族一緒に摂る機会が多くなり、日常、家庭での調理を担当する女性に注目すると、年代が上がるほど、ご飯中心の日本の伝統的食事をするよう心がけているとともに、健康、栄養にも気を使っている割合が顕著に増加していることがわかった。
　また、家で料理をつくらない割合は50才代女性で多いが、これは、独身で有職者の割合が多いことが影響しているものと考えられる。

(3)　食品に対する嗜好性
　今回調査に協力してくれたパネルは、食品に対して目立った好き嫌いがなく、ほとんどの食品に対して「好き～嫌い」の5段階尺度まで(1～5点)のうち、「好き～ふつう」(1～3点)を選び、各年代の平均嗜好得点は40才代2.49点(男性2.57点、女性2.41点)、50才代2.36点(男性2.36点、女性2.36点)、60才代2.44点(男性2.59点、女性2.30点)となった。
　ここで、年代が若いほど、また男性に比べ女性において、好みがはっきりし

ており、好き嫌いが増える傾向にあることが伺えた。

　好みの料理のタイプでは、基本的には和食、次いで中華の順に人気があるが、年代が若いほど、和食離れの傾向も伺え、イタリアン、エスニックに対する嗜好も増加する傾向にあることがわかった(**図表 5.2**)。

　一方、強制的に食品を選択した場合、食文化に深く関与しているもの、性別が関与するもの、年齢が関与するものと大別された(**図表 5.3**)。

　また、これらを総合的に見ると、50 才代が食嗜好に対し、最も変化の大きい年代であることが示唆された。

＜基本味に対する嗜好と食品に対する嗜好の変化＞

　食品の嗜好性に変化をもたらす要因としては、環境・体調・精神的な変化が考えられるが、体調の変化にともなう嗅覚感度の衰えを訴える人は年代が高くなるにつれ増加する傾向にあることがわかった(**図表 5.4**)。

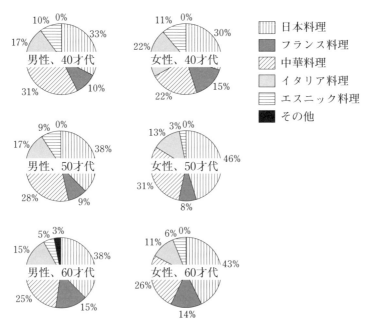

図表 5.2　好みの料理のタイプ

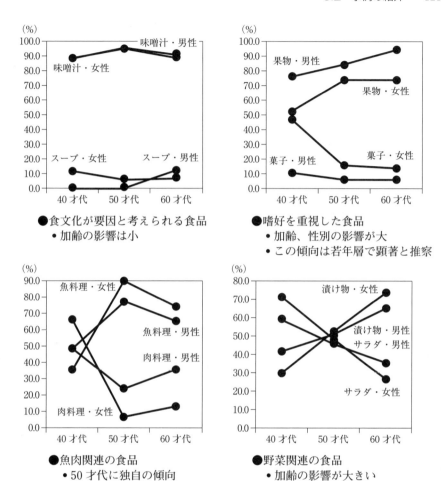

図表 5.3 強制的条件による食品の選択

また、基本味に対する嗜好と味つけの関連について数量化Ⅲ類で検討したところ、50才代男性および40才代女性が中央に位置し、他は年代・性別ごとに各方向に別れていることがわかった(**図表 5.5**)。

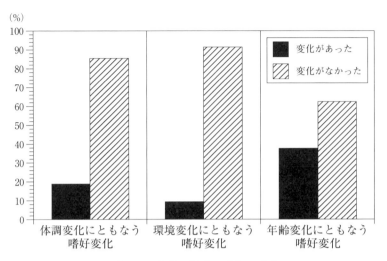

図表 5.4　食品に対する嗜好の変化

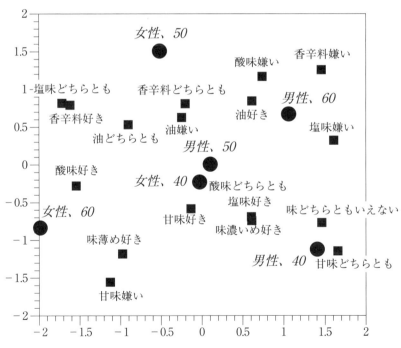

図表 5.5　MDS による 40〜60 才代の基本味に対する嗜好の様子

3.2 嗅覚調査結果

各匂いに対する感覚強度、嗜好性、識別力(該当食品に対する正答率)について検討した。

強度的には Amyl acetate(バナナ)、5-Methyl-2-phenyl-2-hexenal(チョコレート)について弱いと感じるパネルが多かった。また、嗜好性については Butyric acid(チーズ)、5-Methyl-2-phenyl-2-hexenal(チョコレート)が低く、識別力(正解率)では 5-Methyl-2-phenyl-2-hexenal(チョコレート)が最も低く、次いで Vanillin(バニラ)について正解率は低いことが示唆された。また、感覚強度および嗜好性については分散分析を行った(**図表 5.6、図表 5.7**)。

感覚強度については、匂いのタイプおよび年齢要因において有意に1%水準でその効果が認められ、性別および交互作用については認められなかった。また、匂いの嗜好については、匂いのタイプの違いによる効果のみが1%水準で有意に認められ、年齢、性別による効果および交互作用は認められなかった。

さらに、感覚強度と正解率、嗜好度と正解率のそれぞれの関係について、散

	自由度	平方和	平均平方	F 値	p 値
カテゴリー 匂い強度	7	78.643	11.235	17.736	<.0001
年齢	2	9.955	4.977	7.858	.0004
カテゴリー 匂い強度*年齢	14	7.198	.514	.812	.6568
性別	1	.031	.031	0.49	.8250
カテゴリー 匂い強度*性別	7	3.525	.504	.795	.5916
年齢*性別	2	.921	.460	.727	.4838
カテゴリー 匂い強度*年齢*性別	14	1.876	.134	.212	.9991
誤差	722	457.335	.633		

図表 5.6 各匂いに対する感覚強度(全体)

	自由度	平方和	平均平方	F値	p値
カテゴリー 匂い嗜好	7	259.612	37.087	52.537	<.0001
年齢	2	3.590	1.795	2.543	.0794
カテゴリー 匂い嗜好*年齢	14	7.765	.555	.786	.6854
性別	1	1.873	1.873	2.653	.1038
カテゴリー 匂い嗜好*性別	7	7.978	1.140	1.615	.1280
年齢*性別	2	.417	.209	.295	.7443
カテゴリー 匂い嗜好*年齢*嗜好	14	5.413	.387	.548	.9048
誤差	708	499.799	.706		

図表 5.7　各匂いに対する嗜好得点（全体）

布図を作成、回帰直線を引いて検討した結果、5-Methyl-2-phenyl-2-hexenal（チョコレート）は強度、嗜好、正解率すべてが低いことが明確化され、Amyl acetate（バナナ）は強度が弱いが認知されやすく、逆に Vanillin（バニラ）は強度が強いが認知されにくい匂いタイプであることが示唆された。一方、Butyric acid（チーズ）は感覚強度も識別力も高いが嗜好度は低いことが確認された（図表 5.8、図表 5.9）。

　総合的に見た場合、感覚強度と嗜好度の関係における 1 次元性は決して強いとはいえず、匂いのタイプによって、強度、嗜好度、識別力の関係は微妙に異なることが示唆された。

4.　考察

　今報告では、今回の調査内容の一部分を報告したにすぎず、また、パネル数を考えるとその結果自体に偏りがないかどうか、現時点では疑問も残る。しか

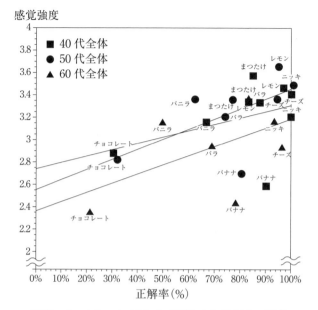

図表 5.8　各匂いに対する感覚強度と正解率の関係

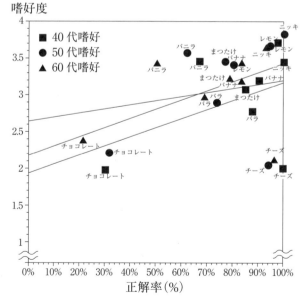

図表 5.9　各匂いに対する嗜好度と正解率の関係

しながら、これらのパネルに焦点を合わせ、嗜好や感度などを把握することは彼らが高齢者という層になる近い将来に備え、意義あることと考える。

　今回、調査内容を詳細に報告することはできなかったが、この調査の対象パネルは、非常に健康で現在の生活をゆとりをもって、活動的に過ごしている人々であることが示唆された。また、食への関心も高く、食品に対する嗜好性についても、若い世代とのギャップは少ないように感じられた。

　これは、現在の60才代が幼少期に既に、習慣や食生活において欧米の影響を受け、現在の基盤となる環境を築き上げてきた世代であることが要因の一つとして挙げられるものと考えられる。

　今回の調査では、50才代のパネルにおいて食に対する嗜好や感覚が他の世代と異なることが示唆されたが、調査以前には、60才代から感度の変化が認められる報告があったことから、このような他の年代との異なる性質は60才代において認められるものと予想していた。

　しかしながら、50才代において食に対する嗜好性に独特の傾向が認められたことは、今調査のパネルでは40～60才代では感度の衰えは少なく、身体機能の変化の予兆を示すと考えるよりは、むしろ彼らを取り巻く社会的要因によるものであると考えるべきであろう。特に、現在の50才代は団塊の世代ともよばれ、その層における独特の生活習慣が食生活、嗜好に大きく影響を及ぼしていることは十分に推察できるところである。

　女性については、就労している人がかなりのウエイトを占めていた。今回のパネル世代が次世代の高齢者として位置づけられたとき、現在の高齢者とは異なる意識、生活感をもつ世代となりうることは考慮すべき点となるであろう。

　一方、嗅覚調査の結果では、高い有意性は認められなかったものの、匂いタイプに対する嗜好性が年齢要因が影響していることも示唆された。また、嗅覚調査において、ニッキの嗜好性が高かったが、これは幼少の頃の駄菓子のイメージ、いわゆる「肉桂飴」などからきている可能性が大きく、シナモンに馴染みの希薄な若い世代において、果たして同じ傾向が認められるものかどうか確認したい。

5.3 事例の解説
5.3.1 アンケート調査における多変量解析の適用
(1) 多次元尺度構成法（MDS：Multi-Dimensional Scaling）

　製品開発における嗜好調査では、官能評価とともに、アンケートによる調査が実施されることも多い。このアンケートは、対象物に対する設問の設定とそのコーディングによってデータを収集、カテゴリ化するプロセスが一般的であり、**第4章**に示されるように、質的データを扱うこととなる。

　本事例の**図表 5.5**では、40～60才代の男女に対して、基本味に対する嗜好（好き嫌い）と食品の特徴に対する嗜好の変化について、質問紙から得られた回答をまとめて、多次元尺度構成法（MDS）で分析し、マップした例が示されている。50才代の男性と40才代の女性が図の中央に位置し、他は、年代・性別ごとに各方向に分かれていることが見てとれる。

　MDSは、主成分分析（PCA：Principal Component Analysis）や因子分析（FA：Factor Analysis）のように、分類する対象物の関係を低次元空間に布置し、データを縮約することで特性を明らかにしようとする手法である。

　個体間の類似度に応じて、似ているものは近くに、似ていないものは遠くに布置される。出力は幾何学的で軸には意味はない。

　MDSとPCAやFAでは、出発点となるデータが異なる。PCA、FAは、基本的に対象i, j間の相関係数を要素とする相関行列を出発とするが、MDSは与えられたデータから対象i, j間の距離（d_{ij}）を計算し、その距離を要素とする距離行列が出発となる。距離を満たすように何らかの空間に対象を布置するので、距離の計算の際に非線形な変換を考慮すればよく、基本的に線形性に縛られる必要がないことが利点である。

　一般的には、距離の基本公理に従い、距離が定義できるかどうかで、メトリックMDS（計量的MDS、metric MDS）とノンメトリックMDS（非計量的MDS、non-metric MDS）に大別されるが、この距離をどのように定義し処理するかによって理論展開は異なり、データの特性に応じた手法が多く開発されている（**図表 5.10**）。

　解析の対象となるデータは、集約の仕方によって、(非)親近性データ（Simi-

図表 5.10　距離の定義

	データの意味	データの性質	手法・モデル
モノとモノとの関係	(非)類似性データ $[\delta_{jk}]$	間隔尺度、比例尺度	メトリック MDS
		順序尺度	ノンメトリック MDS
個人差を中心とする	選好性データ $[p_{ij}]$	間隔尺度、比例尺度	ベクトルモデル
		順序尺度	ノンメトリックベクトルモデル
	非選好性データ $[q_{ij}]$	間隔尺度、比例尺度	メトリック展開法
		順序尺度	ノンメトリック展開法
	非類似性データ $[\delta_{jk,i}]$	間隔尺度、比例尺度	INDSCAL
		順序尺度	ノンメトリック INDSCAL

larity Data)と(非)選好性データ(Preference Data)に区分される。(非)親近性データは、モノとモノとの間の類似性(親近性)あるいは非類似性の程度を表し、(非)選好性データは、人とモノとの関係(人がどの程度そのモノを好むのか)を表す。

　順位法やカテゴリ評定法など順位尺度の値として測定されたデータには、ノンメトリック MDS が適用される。一方、間隔尺度または比例尺度の値として測定されたデータには、メトリック MDS が適用され、測定された(非)親近性と距離が関係づけられるなんらかのモデルを定める必要がある。ノンメトリック MDS では、非線形な変換をあらかじめ考慮しなくても自動的に都合のよい変換をしてくれるという利点があり、非線形かつ複雑な現象にも応用しうる可能性がある。(非)親近性データ (δ_{jk}) が与えられたとする。δ_{jk} は比例尺度でなく順序(序数)尺度だけでよい。そのデータにおける各ペアの非親近性の順序関係に注目して距離の定義された空間を定める方法といえる。主な手法としてよく使われているのは Kruskal の方法(MDSCAL)である。

(2)　その他の多変量解析法

　階層クラスター分析は、一つの集団から互いに似たものを集めて段階的に類似性を求めて、クラスターを形成する。客観的な基準に従い分類することがで

きることから、マーケティングリサーチにおいては、ブランドの分類や評価用語の分類、消費者のセグメンテーションなどに用いられる。

クラスター分析は、属性の類似性をグループ（クラスター）として見ることができる。主成分分析や因子分析、数量化Ⅲ類で求めた個体の得点を用いて、クラスタリングすることも可能である。ただし、このとき、どの程度の段階でグルーピングするか、どの計算方法を適用するかで結果が異なる場合がある。

また、カテゴリカルデータを便宜的に、段階的強度と見なし、PCAを実施する場合も多く見受けられる。PCAは、多くの変数によって記述された量的データの変数間の相関を排除し、できるだけ情報の損失なく、少数の無相関な合成変数に縮約して分析を行う手法である。少数の合成変数をつくるために変数に重みをつけて、できるだけ多くの情報をもつ合成変数（主成分）となるように分散に着目して、データの分散が最も大きくなるように主軸（主成分）をとる。

5.3.2 マーケティングにおけるアンケート調査と官能評価の役割

(1) アンケート調査の重要性

製品開発においては、あらかじめターゲットに対して、実態の把握や仮説検証を目的としたアンケート調査を行うことがある。これは、ターゲットへの理解を深めると同時に、ある程度の仮説をもって開発がスタートできることが、製品化の効率化を図ることにつながるためである。開発の基礎となるシーズ開発や企画のアイデアとなるニーズ探索についてのヒントにもなり、そのような仮説のないところから仮説を立てるために、定性データは必要とされる。

アンケート調査の本質的意義を考えると、明確な仮説を立てたり、課題を見つけるために実施される場合が多い。一般的に、回答者数が多ければ多いほど、そこから無作為に抽出されるデータの精度は向上する。アンケート調査では、設問の設定とそのコーディングによるデータの収集とカテゴリ化を行う。得られるデータの情報は、質問紙の設計の質が大きく影響する。

(2) 官能評価とユーザーによる製品評価の違い

　専門家が行う官能評価とマーケティング調査段階での製品評価結果のマーケティング活動における役割の違いは、正確に理解しておくべきである。ユーザーに行ったホームユーズドテスト(HUT：Home Used Test)結果と専門家の官能評価データの混同は、結果の読み方や役立て方によっては、企業全体の技術成長や、マーケティング戦略に大きな影響を与えかねない。評価項目だけに注目すると、消費者の嗜好調査では、好ましさとともに、専門家がフォーカスする官能評価項目と同じ項目が併記され、特性を評価させるように設計されている場合がある。専門家が行う官能評価の項目と重複、類似していると、データは同次元で分析することも可能に見えるが、示される結果はパネルの精度や専門性に大きく依存する。消費者調査と専門家に適用する評価用語は、単に同じであればよいというものではない。

　企業の製品開発で行われている嗜好調査および官能評価には、各社ごとにオリジナルの方法が用いられているが、実施方法、パネルの設定、評価項目などで、注意すべき点は主には以下の3つである。

　① 官能評価の専門家が存在し、自分の五感を測定器として、客観的に判断できている官能評価。
　② 社員パネルによる官能評価から得られた製品評価。
　③ ユーザーの実使用調査。使用感などを確認するHUTなどによる製品評価。

これらの評価結果をどのように使用したかによって、製品開発のスピードや目的達成度が変わる。

　①は、「開発する製品の目標設定と、開発中のサンプルが目標とどの点において、どう異なるか」、また、「その原因となる原料は何か」など、処方と評価結果を結びつけて進行することで、企業の技術向上や開発スピードのアップを図ることができる。

　②は、「社内製品愛用者であれば、社内製品と開発品の比較くらいは採用できるだろう」という程度で、本来中途半端な頼りにならないものである。ターゲット層の年齢であったとしても、社員は何らかのバイアスがかかっていることが多く、一般消費者とは異なる。官能評価の専門家でもない場合、処方開発

のために社内データを使用することは難しい。社内調査で官能評価の素質を判断し、専門家の育成を進めたい。

③は、あくまで、嗜好性調査であると認識すべきデータである。そもそも、ユーザーそれぞれの背景（使用しているもの、経験、好き嫌いなど）が異なるため、基準となるものが人それぞれ異なる。官能評価と同じ項目でデータをとる目的としては、「専門家の評価用語がどのように理解されているのか」の確認や、「ユーザーがわかりやすい製品特長は何か」、「伝えたい特長は伝わっているのか」の確認に用いるべきである。

マーケティング視点で見ると、定量データでは補えない製品の特徴を定性データから読み取ることも大切な作業である。その特徴を明確に表現できる官能評価項目を導き出すことで、新たなポジションを形成する製品づくりが可能となる場合があることを追記しておく。

商品の企画立案時では、ターゲットと製品ベネフィットの設定（どんな人にどんな効果をもたらす製品をつくるのか）を定め、自社と競合製品の比較評価から、「何が、どの程度異なるのか」を明確にし、新製品の狙う製品力としてのポジションを明確化することが大切である。この企画にもとづいた製品開発により、設定した目標品質とそれに適した具体的な原料や処方が紐づけられていく。例えば、ラボ品と生産品、他社競合品との比較などを社内の専門家による評価を行い、その結果から最適ポイントを導き出す。最終段階では、ターゲットとなる消費者を対象にHUTを実施し、仮説の検証を行う。消費者の評価は、企画段階におけるニーズを探る際にも実施される。

(3) 消費者インサイトと五感を活かしたブランド戦略

消費者の五感に訴えることを主眼とするマーケティングは感覚マーケティング（Sensory Marketing）とよばれ、消費者の感覚に訴えることにより、消費者の知覚、判断、および行動に影響を与えるものとされ、次なる強い製品づくりのために2000年あたりから欧米を中心に広まった。

この考え方は、製品の基本性能だけでは、消費者を振り向かせることが難しく、消費者の五感にインプットされた製品は市場競争力があり、ロングセラー化しやすいことが背景となっている。

一方、消費者の行動や態度を洞察することで、消費者自身も意識していない本音を見抜き、製品開発や広告表現に活用する試みが、消費者インサイト(Consumer Insight)として、1990年代から導入されている。このことにより、これまでアンケート調査が主であった嗜好調査に、テキストマイニング手法や官能評価手法が積極的に活用されるようになった。

これは、製品のみならず、ブランドづくりについても同様である。人の感覚にフォーカスしたマーケティングが強いブランドづくりに、不可欠となっている。

しっかりと設計されたアンケート調査とさまざまな場面で実施される適切な官能評価とを併用することが、製品開発、品質管理、ブランド戦略と企業のマーケティングにも効果をもたらすと期待される。そのためには、官能評価の担当者自身が専門家として、ブランド全体(中身品質はもちろん、製品デザインや販売促進、情報発信などすべて)に渡ってユーザーの五感に与える影響を評価できるよう視野を広げ、能力を向上させる必要がある。

5.4 おわりに

マーケティング手法のなかに、モデルユーザー「ペルソナ」を創り出し、このユーザーのニーズを満たすような商品やサービスを設計するという手法がある。ユーザーを年齢や性別だけではなく、ライフスタイルや価値基準などを具体化し、あたかも存在する個人のように定めることは、ニッチ市場のみならず、マスマーケット対象の製品でも、ターゲットに響く製品づくりには欠かせないものと位置付けられている。この「ペルソナ」を用いたマーケティングにブランドのポジショニングや競合優位点の明確化、消費者インサイトが加わることでよりスムーズに製品開発が行われている。

製品開発において、官能評価の担当者が求められることのなかに、このペルソナの設定も含まれる場合がある。「どのような日常生活をどのようなスタイルですごしている人なのか」、「製品は何を使用し、何を感じ、何に満足し、不満をもっているのか」をマーケティングや商品企画担当者と共有するために、日常的に数多くの製品に対して、数多くの嗜好調査や官能評価に携わる官能評

価担当者ならではの視点が活かされる市場を読み、消費者を知り、社内コミュニケーションに長けている官能評価担当者だからこそ、できることなのであろう。

今後、ますます、官能評価担当者の活躍の場が期待される。

■第 5 章の参考文献

[1] Charles J. Wysocki and Avery N. Gilbert(1989): "National Geographic Smell Survey", *Ann. N. Y. Acad. Sci.,* Vol.561
[2] Cooper, R. M. et al.: "The effect of age on taste sensitivity", *Journal of Gerontology,* 14, pp.56 〜 58
[3] 國枝里美(1995):「フレーバーに対する感度と嗜好の関係」、『第 25 回　日科技連官能検査シンポジウム発表報文集』、pp.139 〜 146
[4] 國枝里美(1992):「食に対する意識と味嗅覚感度との関係」、『第 22 回　日科技連官能検査シンポジウム報文集』、pp.255 〜 263
[5] 食品産業センター(1987):『シルバーエイジの食生活』
[6] 倉林武(1997):「多次元尺度構成法(MDS)の紹介」、『人間工学』、Vol. 13、No. 4、pp.137 〜 142
[7] 田口善弘、大野克嗣、横山和成(2001):「非計量多次元尺度構成法への期待と新しい視点」、『統計数理』、第 49 巻第 1 号、pp.133 〜 153
[8] 長谷川節子、前野広史(1993):『マスカラの仕上がり感とブラシ形状』、pp.111 〜 116

第6章 一対比較

6.1 はじめに

　一対比較法(Paired Comparisons)とは、複数の試料に関する官能特性の順位を明らかにするための手法の一つである。異なる k 個の試料から2つずつ取り上げて組をつくり、組ごとに2つの試料の比較評価を繰り返すことにより、すべての試料間の順位づけを行う手法である。一般的に複数の試料の優劣を評価する場合、パネルがそのすべての順位づけを一度に行うことは難しく、その評価結果は不安定で評価試料の実態を適切に表現しているとはいいがたい。それに対し、2つの試料だけを比較して評価することは比較的容易であり、その結果も安定したものとなる。

　一対比較法による評価結果を扱う手法として、試料全体の順位尺度を求めて順位の有意性を検定する手法と、試料間差の間隔尺度を求めてその有意差について検定する手法がある。順位の有意性を検定する手法には、一意性の係数、一致性の係数による検定法が、試料間差を検定する手法にはサーストンの方法などがある。

　一意性の係数は、パネル個人が行った一対比較に対し、順位づけの一貫性が保たれているかを示すものである。例えば A_1、A_2、A_3 の3個の試料があるとき、この3個から2つずつ取り上げて比較する組合せは A_1 と A_2、A_2 と A_3、A_3 と A_1 の3通りである。この3通りの比較について、$A_1 > A_2$、$A_2 > A_3$ と評価されたならば、当然 $A_1 > A_3$ と評価されるはずであるが、もしも $A_1 < A_3$ と評価された場合、優劣が一巡してしまい順位はつけられない。このような試料間の関係を一巡三角形という。k 個の試料のなかから3個ずつ組み合わせて一巡三角形の数 d を数える場合、一巡三角形が生じる確率が十分小さいならば、

各試料間に順位をつけることができる、すなわち、順位に一意性があったと考えてよい。この検定法を一意性の検定といい、$k=6$の場合は$d \leq 1$のときに、$k=7$の場合は$d \leq 3$のときに、5%水準で有意な順位がつけられたといえる。$k \geq 8$の場合はχ^2検定により順位の有意性を判定する[1]。

一方、一致性の係数は、パネリスト全体で評価結果がどれくらい一致しているかを示すものである。例えばA_1、A_2の試料を5人のパネリストで評価する場合に4人がA_1を好み、1人がA_2を好んだとする。5人のパネリストから2人ずつを組み合わせて評価の不一致の程度を調べると、${}_5C_2 = 10$組の組合せのうち、$4 \times 1 = 4$組の評価が一致していないことになる。したがって${}_5C_2 - 4 \times 1 = 6$組の評価が一致していることになり、これをA_1とA_2を評価した際の5人の評価の一致性を表す尺度とすることができる。k個の試料全体についてのすべての一対比較について考えると、すべての試料とパネリスト(n人)の組合せの総数は${}_nC_2 \times {}_kC_2$組となる。A_1とA_2の比較で求めた一致性尺度を他の試料の組合せで求めて足し合わせた尺度Σから、一致性の係数$u = (2\Sigma / {}_nC_2 \times {}_kC_2) - 1$を求め、検定表[1]あるいは$\chi^2$検定により順位の有意性を判定する[1]。

これに対し、試料間差の間隔尺度を求めてその有意差について評価する手法には、サーストンの方法[1]~[6]、ブラッドレーの方法[1], [7]~[10]、シェッフェの方法[1], [11]などがある。これらの手法のうち、サーストンの方法およびブラッドレイの方法は、一対比較の際に試料間の優劣のみを評価したデータにもとづいて試料間差を間隔尺度化する手法である。また、シェッフェの方法は、試料間の優劣だけでなく両者間でどちらがどの程度強いかを半定量的に（±2の範囲の5段階尺度法などで）評価する場合の解析法である。

例えばA_1、A_2、A_3の3個の試料から2つずつ取り上げて比較する3通りの組合せについて評価するとき、それぞれの対を比較するときの順序効果を考慮すると、A_1とA_2の対はさらに$A_1 \to A_2$と$A_2 \to A_1$の順に比較する2通りに分かれる。この2通りの比較を分けることによって、順序効果の大きさを推定でき、順序効果を除いて試料の官能特性を精度よく評価することができる。このように3個の試料から2つずつ取り上げて比較する場合の総比較数は6通りとなる。シェッフェが提案した方法は、この6通りのそれぞれについて1名ずつ、

合計6名のパネルが比較評価を行うものであった。この「シェッフェの原法」では評価試料の数に比べて多数のパネルを集めることになり、あまり実用的ではない。

この原法をより実用的にするため、種々の変法が考案されてきた。「浦の変法」[12]は、1人のパネルが順序効果を考慮したすべての対について評価を行い、パネル人数を繰返し実験とする方法である。3個の試料について一対比較を行う場合の比較数は6通りであり、1名のパネルが6回の比較を行うことになる。複数名の訓練されたパネルが同じ6通りの比較を行うことにより、パネルごとの評価の基準の差異まで明らかにすることができる。

「芳賀の変法」[13]は順序効果を無視できる場合に用いられる。順序効果を無視できる場合とは、2つの試料を同時に提示でき、時間的順序が存在しない場合である。例えば3個の試料について一対比較を行う場合の比較数は3通りとなり、この3通りそれぞれについて1名ずつ、合計3名のパネルが評価を行う。

「中屋の変法」[14]も順序効果を無視できる場合に用いる手法である。順序効果を無視して取り上げるすべての対について、1名のパネルが比較を行う。3個の試料について一対比較を行う場合には、3通りの比較を1名のパネルが実施し、複数名のパネルが評価を行うことによって、パネルごとの評価基準の差異を明らかにすることができる。

シェッフェの原法および各変法による具体的な解析法については文献[1]に詳細に記されている。シェッフェの原法を用いてt個の試料をN人のパネリストで評価する場合、順序を考慮してt個から2個ずつを組み合わせる組合せの数は$t(t-1)$対である。したがって、各試料の一対比較ごとに$n = N/\{t(t-1)\}$個の評価が得られる。各パネルは試料A_iとA_jの官能特性の差を次のような尺度で評価する。

A_iがA_jに比べて非常に強い(良い)とき	2点
A_iがA_jに比べてやや強い(良い)とき	1点
A_iがA_jと差がないとき	0点
A_iがA_jに比べてやや弱い(悪い)とき	－1点
A_iがA_jに比べて非常に弱い(悪い)とき	－2点

このような2〜−2点の5段階尺度による評価が一般的であるが、3〜−3

点の7段階尺度、あるいは4〜−4点の9段階尺度を用いることもできる。パネル k が試料 A_i と A_j をこの順序で比較したときの評点を x_{ijk} とすると、その評点は次のような構造となる。

$$x_{ijk} = (\alpha_i - \alpha_j) + \gamma_{ij} + \delta_{ij} + \varepsilon_{ijk}$$

ここでは、以下のとおりである。

- α_i、α_j：試料 A_i、A_j の官能特性についての平均スコア（主効果）
- γ_{ij}：組合せ効果
- δ_{ij}：順序効果
- ε_{ijk}：誤差

解析の主目的はこの構造をもとに試料 A_i の平均スコア α_i の推定値を求めることであり、α_i を算出する手順は以下のとおりである。

① 試料 A_i、A_j について得られた n 個の評価値の合計 $x_{ij.}$ をそれぞれ求める。
② すべての試料の組合せにおける評価値の合計を**図表 6.1** の行列の形（1）にまとめる。
③ （1）の各行の行和（$x_{i..}$）と各列の列和（$x_{.i.}$）を求め、それぞれ（2）、（3）に転記する。
④ 行和と列和の差（$x_{i..} - x_{.i.}$）を求め、（4）に転記する。
⑤ 以下の式より平均スコア（α_i）を求める（5）。

$$\alpha_i = (x_{i..} - x_{.i.}) / 2nt$$

以上の手順はシェッフェの原法による主効果の算出法であるが、続けて分散分析を行うことにより組合せ効果や順序効果を含めた各効果の有意性を検定す

図表 6.1　試料の平均スコアを推定するための表

	(1)					(2)	(3)	(4)	(5)	
	$x_{ij.}$					行和	列和		平均スコア	
$i\ j$	1	2	3	⋯	t	$x_{i..}$	$x_{.i.}$	$x_{i..} - x_{.i.}$	α_i	
1		$x_{12.}$	$x_{13.}$	⋯	$x_{1t.}$	$x_{1..}$	$x_{.1.}$	$x_{1..} - x_{.1.}$	$(x_{1..} - x_{.1.}) / 2nt$	
2	$x_{21.}$		$x_{23.}$	⋯	$x_{2t.}$	$x_{2..}$	$x_{.2.}$	$x_{2..} - x_{.2.}$	$(x_{2..} - x_{.2.}) / 2nt$	
3	$x_{31.}$	$x_{32.}$		⋯	$x_{3t.}$	$x_{3..}$	$x_{.3.}$	$x_{3..} - x_{.3.}$	$(x_{3..} - x_{.3.}) / 2nt$	
⋮	⋮	⋮	⋮		⋮	⋮	⋮	⋮	⋮	
t	$x_{t1.}$	$x_{t2.}$	$x_{t3.}$	⋯		$x_{t..}$	$x_{.t.}$	$x_{t..} - x_{.t.}$	$(x_{t..} - x_{.t.}) / 2nt$	
合計	$x_{.1.}$	$x_{.2.}$	$x_{.3.}$	⋯	$x_{.t.}$	$x_{...}$	$x_{...}$	0	0	

ることができる。分散分析の結果、主効果が有意と判定された場合には、どの試料間に有意差があるかをヤードスティック法で検定する[1]。

一対比較法は試料間の詳細な差異を感度よく検出できる優れた方法であるが、すべての対について比較回数を等しくするのが通例であり、試料数が多くなりすぎると比較回数が膨大な数になってしまうという欠点がある。この欠点を補うために、試料の官能特性について事前に情報がある場合には、明らかに差のあることが予想される対については比較を省略して、その労力を差がわずかである対の比較に回したほうが、推定の精度が向上することが報告されている[15]。以下に紹介する事例では、試料についての事前情報がない場合でも、比較対象の数を減らせる手法が報告されている[16]。

6.2 事例の紹介

以下に紹介する事例は、1994年9月に開催された「第24回 日科技連官能検査シンポジウム」における発表演題「逐次型一対比較法実験」(芳賀敏郎、伊大知和利、河南文人：東京理科大学)である。

逐次型一対比較法実験
(対象が多い場合の一対比較法実験)

1. まえがき

一対比較法(Scheffeの方法、Bradley-Terryの方法)は、2つの対象を比較し、どちらがよいかを評価する方法であって、各対についての比較回数を等しくするのが普通である。比較回数が異なる場合でも最小2乗法またはロジスティック回帰分析を用いれば解析できる。この解析方法を利用すると、対象の良さについて事前情報がある場合に、差の大きい対の比較を省略することによって実験の効率を高めることができる[17]、[18]。これら2つの点について、「第23回官能検査シンポジウム(1993)」で発表した[19]。その際、「事前情報がない場合はどうしたらよいか」という質問を受けた。この質問に応えるための方法を考案

し、2つの実験によってその有用性を確認した。その方法と、ビールの苦さについて適用した結果を報告する。

2. 考え方

たくさんの対象（例えば壁紙）を比較して好ましさの順位を付ける場合の手順を考える。
　① ランダムに（または大まかな順序に）壁紙を並べる。
　② 左（または右）から順に、隣り合わせの2枚を比較して、順序が逆だと思われるときは左右を入れ換える。
　③ ②の手順を数回繰り返し、入換えがなくなったら、比較を終了する。

このように、一度に順位を決められないときは、比較を繰り返して最終判定を行う。その過程では、好ましさの接近した対象の比較は頻繁に行われるが、好ましさの明らかに異なる対象の比較は実験の初期に数回行われるだけである。

この考え方を一対比較法に適用すると、対象の良さに事前情報がない場合にも効率の良い実験ができると期待される。

3. 実験の手順

比較対象の個数 k が3の倍数であるものとする。図表6.2に $k = 12$ の場合の実験の手順を説明する。また、一対比較法の手順としてシェッフェの方法（7段階評価）を用いたものとして説明するが、ブラッドレー・テリーの方法を用いることもできる。

<終了判定>

毎回の実験が終わったところで、それまでの評点を全部集めて解析し、各対象のスコアを計算する。実験の初期にはスコアが不安定で、対象の順序の入換えが発生するが、実験回数が増えると安定してくる。実験の目的を満たす精度が得られたら実験を終了する。

図表 6.2　逐次実験の手順

```
＜第 1 回の実験＞
 a)　対象をランダムに 3 つずつの組に分ける。各対象に A〜L の記号を付ける。
      対象　　3　7　9　｜　5　11　1　｜　4　10　12　｜　2　6　8
      記号　　A　B　C　｜　D　E　F　｜　G　H　I　｜　J　K　L
 b)　同じ組のなかで対をつくる。順序効果がないと考えられる場合は 3 つの対
    が、順序効果があると考えられる場合は 6 つの対ができる。全体の対の数は
    $k$ または $2k$ 個となる。
            A-B　B-A　｜　D-E　E-D　｜　G-H　J-G　｜　J-K　K-J
            A-C　C-A　｜　D-F　F-D　｜　G-I　I-G　｜　J-L　L-J
            B-C　C-B　｜　E-F　F-E　｜　H-I　I-H　｜　K-L　L-K
 c)　$k$ 人（または $2k$ 人）のパネルが、一人 1 つの対について評価する。
     一人のパネルが複数の対について評価できる場合は、各組から 1 つずつの
    対をランダムに選んで $k/3$ 回の比較をしてもらうので、パネルの人数は 3 人
    （または 6 人）で済む。
 d)　各組ごとに評価結果を集め、各対象の得点を計算する。
      対象　　3　7　9　｜　5　11　1　｜　4　10　12　｜　2　6　8
      記号　　A　B　C　｜　D　E　F　｜　G　H　I　｜　J　K　L
      得点　　1　-3　2　｜　4　-1　-3　｜　-6　4　2　｜　0　-2　2
 e)　全部の対象を得点の大きさの順に並べかえる。得点が同じ対象があると
    きはランダムに順序を決める。
      対象　　4　7　1　｜　6　11　2　｜　3　8　9　｜　12　10　5
      得点　　-6　-3　-3　｜　-2　-1　0　｜　1　2　2　｜　2　4　4

＜第 2 回以降の実験＞
 a)　前回の実験の結果得られた組分けに従って、対象に A〜L の記号を付け
    る。毎回対象に付ける記号を変えることによって、同じパネルが複数回の実
    験に参加し、それまでの評価の結果を記憶しても、その影響を除くことがで
    きる。また、第 1 回 b)に示した組合せ表は変わらないので、実験の記録用
    紙を共通化できる。
      対象　　4　7　1　｜　6　11　2　｜　3　8　9　｜　12　10　5
      記号　　A　B　C　｜　D　E　F　｜　G　H　I　｜　J　K　L
 b)〜d)は第 1 回の実験とまったく同じである。
      対象　　4　7　1　｜　6　11　2　｜　3　8　9　｜　12　10　5
      記号　　A　B　C　｜　D　E　F　｜　G　H　I　｜　J　K　L
      得点　　2　-3　1　｜　2　-2　0　｜　4　-2　-2　｜　3　-1　-2
 e)　第 1 回の実験では、全部の対象を得点の大きさの順に並べかえたが、第 2
    回以降は、各組内で得点の大きさの順に並べかえる。
      対象　　7　1　4　｜　11　2　6　｜　9　8　3　｜　5　10　12
      得点　　-3　1　2　｜　-2　0　2　｜　-2　-2　4　｜　-2　-1　3
 f)　各組の得点が最大の対象と、その右隣りの組の得点が最小の対象を入れ替
    える。
      対象　　7　1　<u>11</u>　｜　4　2　<u>9</u>　｜　<u>6</u>　8　<u>5</u>　｜　<u>3</u>　10　12
 a)〜f)を必要回繰り返す。
```

4. 適用例

12種類の市販缶ビール（図表6.3）について苦さの比較実験を行った。手法は、順序効果を考慮したシェッフェの方法で、7段階評価を用いた。

実験は第12回まで実施した。**図表6.4**は、第3回の実験以降、各ビールの苦さのスコアがどのように変化したかを示している。実験回数が7〜8回付近で結果がほぼ安定している。3つの大きな群に分かれ、中央の群はさらに3群に分れているように見える。

図表6.5の対角線の上側は各対についての比較回数を示している。対象の配列は、スコアの大きさの順になっている。1回の実験で比較される対の数は24個であるから、総比較回数は $24 \times 12 = 288$ 回である。すべての組合せ対の数は、順序効果を考えると、$12 \times 11 = 132$ であるから、その約2回の比較をし

図表6.3　実験対象

1	バドワイザー	2	黒ラベル	3	一番搾り	4	ドラフト
5	ほろにが	6	キリンドライ	7	冬仕立て	8	アサヒドライ
9	エビス	10	ラガー	11	ゴールデンビター	12	プレミアム

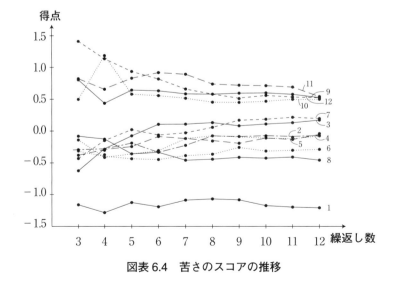

図表6.4　苦さのスコアの推移

たことになる。

図表 6.5 の対角線の下側は有意差検定の結果を示している。

各ビールに含まれる苦味成分の含有量を横軸に、苦味の官能評価スコアを縦軸にとった散布図が図表 6.6 である。両者の相関係数は 0.95 である。さらに、アルコール含有量や糖含有量などを説明変数に加えて回帰分析で解析すると、変数選択によって苦さに対する各成分の影響の有無を調べ、さらにそれらの関

図表 6.5　比較回数（右上）と有意差検定（左下）

	11	9	12	10	7	3	5	2	4	6	8	1
11		18	6	12	6				4			2
9	—		4	10	10						4	2
12	—	—		4	6	2	6	6	8	4	2	
10	—	—	—		2	8	4		4	2	2	
7						4	6	2	4	4	4	
3					—		10	4	8	4	4	4
5	*	*	*	*		—		6	2	6	2	2
2	*	*	*	*		—	—		6	8	4	12
4	*	*	*	*				—		4	4	8
6	*	*	*	*	*	*	*		—	—	10	6
8	*	*	*	*	*	*	*	*	*		—	12
1	*	*	*	*	*	*	*	*	*	*	*	—

注）＊＊：1%で有意、＊：5%で有意、—：$|t|<1$

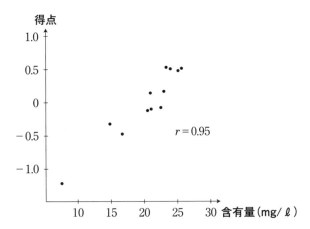

図表 6.6　苦さ成分の含有量と官能評価スコアの関係

係を定量的に把握することができる。

5. その他の応用

　デザインの良さのように、コンピューターの画面に2つのデザインを表示して、評価を求め、その結果を評価者がキーボードから直接入力できるときには、実験を自動化することができる。すなわち、比較対象のデザインをスキャナーでコンピューターに取り込んでおけば、サンプルの作成、評価記入用紙の作成、評価結果の入力などの手数を省略することができる。

　実験計画法と組み合せることによって、さらに効率の良い実験が可能となる。直交表を使ってデザインの要素を因子とする実験を計画する。要素を組み合せたデザインをコンピューターグラフィックで作成し、2つずつ表示して評価する。最終的に、官能評価で得られた各デザインのスコアをデータとして分散分析を行えば、デザインの各要素が官能評価にどのように影響しているかを知ることができる。

　スクリーニングのための実験では、有意に劣る対象は途中で省き、比較対象の数を減らすことによって、実験のスコアを低減することが可能である。

6.3　事例の解説

6.3.1　実験の手順について

　本事例では、まず12の試料をランダムに3つずつの組に分割し、各組のなかの3つの試料について、シェッフェの方法による一対比較を行っている。この1回目の実験で得られた得点の順に12の試料全体を並べ替え、再び3つずつの新たな組に分割している。この新たに得られた各組中の3つの試料について、2回目の一対比較実験を行い、今度は各組のなかで試料を得点の順に並べ替える。さらに、各組の得点が最大の試料と、その隣の組の得点が最小の試料を入れ替えて新たな組をつくり、各組中の3つの試料について、3回目の一対比較を行う。この手順を繰り返すことにより、分割される各組中の試料は、得

点が大きい試料は得点がより大きい組に、得点が小さい試料は得点がより小さい組に、順次移動していくこととなる。一方で得点差の大きい試料の対は同じ組に分類されることが少なくなり、結果的に一対比較の回数を省くことができる。

本事例の図表 6.5 ではすべての比較対についてそれぞれの比較回数が示されている。総比較数は 288 回となっているが、事例本文中にもあるとおり、これはすべての比較対の比較回数を等しく実施した場合の比較回数 132 回の約 2 倍となっている。本事例と同様の総比較回数ですべての比較対を均等に比較する場合、1 つの比較対当たり 2 回の繰返し実験しかできないが、本事例では差の小さい比較対（表内で近接する試料同士）の比較回数が 2 回よりも多くなっていることがわかる。この結果、得点差の小さい試料間の順位づけの精度が向上する。

6.3.2 得点の解析法について

本事例では、まず各組のなかでの一対比較の結果をもとに各試料のスコアを算出して、試料の並換えや組の入替えを行っている。各組のなかでは比較対どうしの比較回数が等しくなるように評価を行っているので、シェッフェの原法に従ってスコアを算出すればよい。

一方で実験全体の終了判定を行うために、各回の評価を繰り返すたびに、それまでのすべての一対比較の評点（観測値）を集計し、各試料のスコアを算出している。この場合、差の大きい試料の対については比較を省略しているため、比較対ごとに比較回数が異なるアンバランスなデータが得られることになる。アンバランスな一対比較法データを解析するためには、比較される試料の種類を従属変数とし、比較対ごとに得られる評点の平均値を目的変数とした回帰分析を行う[15]。各試料の回帰係数をそれぞれのスコアの推計値として用いることができる。

6.4　一対比較の新たな分割・分担法

先に紹介した事例では、試料をいくつかの組に分割してそのなかで一対比較

を行い、得られた得点でさらに試料を並べ替えて新たな組に分割することを繰り返した。この手順を繰り返すことにより、分割される各組のなかに官能特性の差が小さい試料が集まり、結果として差の大きい試料間の比較回数を省くことができた。しかし、分割された組を入れ替えながら一対比較を繰り返していくため、試験全体の総比較回数はさほど軽減されない。この課題に対して、試料の数と同一回数の一対比較を行うだけですべての試料の順位づけと分散分析ができる「サイクリック一対比較法」が長沢[20]~[26]によって提案されている。

6.4.1　サイクリック一対法とは

　サイクリック一対比較法の比較対の設定法は、不完備型計画法におけるサイクリック計画と同一である。例えば5つの試料を比較する場合、A_1、A_2、A_3、A_4、A_5の試料を組み合わせて次のような比較対を考える。

$$A_1 \to A_2, \; A_2 \to A_3, \; A_3 \to A_4, \; A_4 \to A_5, \; A_5 \to A_1$$

　この組合せは**図表 6.7** の A) のように表される。

　このように比較対を比較する順序に従って矢印でつなぐと一巡して最初の試料に戻るという形状から、サイクリック一対比較法とよばれる。

　試料 A_i の官能特性についてのスコアを $α_i$ とする。i, j を比較試料の番号としたとき、$A_i \to A_j$ の対についての評価値を x_{ij} とする。すなわち、x_{ij} は、比較試料のスコアの差 $(α_i - α_j)$ を表している。実際の評価値は $α_i - α_j$ に順序効果 $δ$ と誤差 $ε_{ij}$ が加わったものである。5つの試料を比較する場合の評価値は次のモデルで表される。

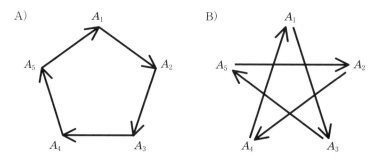

図表 6.7　サイクリックな組合せ

$$x_{12} = \alpha_1 - \alpha_2 + \delta + \varepsilon_{12} \tag{6.1}$$
$$x_{23} = \alpha_2 - \alpha_3 + \delta + \varepsilon_{23} \tag{6.2}$$
$$x_{34} = \alpha_3 - \alpha_4 + \delta + \varepsilon_{34} \tag{6.3}$$
$$x_{45} = \alpha_4 - \alpha_5 + \delta + \varepsilon_{45} \tag{6.4}$$
$$x_{51} = \alpha_5 - \alpha_1 + \delta + \varepsilon_{51} \tag{6.5}$$

以下では誤差項を省略して考える。

このような5回の一対比較で得られたデータの平均値を $x_{..}$ とすると、式(6.1)～式(6.5)の平均値を求めることになり、すべての式の総和から α がすべて消え、以下のようになる。

$$x_{..} = \delta$$

すなわち平均値 $x_{..}$ から順序効果が推定できる。

評価値 x_{ij} から順序効果を引いた値を x^* で表すと、以下のようになる。

$$x^*_{ij} = x_{ij} - \delta = \alpha_i - \alpha_j \tag{6.6}$$

ここで仮に $a_1 = 0$ と設定すると、式(6.6)から順次 $a_2 \sim a_5$ が求まる。

また、5つの一対比較の評価が一巡するため、α_i の推定値を a_i とすると、理論的には以下のようになる。

$$a_1 + a_2 + a_3 + a_4 + a_5 = 0$$

すなわち、仮に求めた $a_1 \sim a_5$ の平均値 $a_.$ を各 a から差し引くと、各試料の官能特性スコアの推定値 a が得られる。このような解析法により、回帰分析を用いなくとも、一対比較による試料間の順位づけと官能特性の程度の差を推定することができる。

6.4.2 評価対の決め方

5つの試料に対する一対比較を考えるとき、上記に紹介したサイクリック一対比較法で設定した5つの比較対だけでは、すべての比較対を評価できていない。複数のパネルでサイクリック一対比較を行う場合、効率よくすべての比較対の評価を分担できるような試験計画について考えてみる。この事例も長沢によって報告されているが[25]、[26]、比較試料を縦横に並べた試験計画を図表6.8に示す。このような場合、一人のパネルが評価する比較対を斜めに並べる系列が考えられる。この試験計画はパネルが対角線上に並んでいることから、ダイ

図表6.8 ダイアゴナル計画表

	A_1	A_2	A_3	A_4	A_5
A_1	–	P_1	P_2	P_3	P_4
A_2	P_4	–	P_1	P_2	P_3
A_3	P_3	P_4	–	P_1	P_2
A_4	P_2	P_3	P_4	–	P_1
A_5	P_1	P_2	P_3	P_4	–

注）P_1～P_4はそれぞれ別の評価パネルが比較を行う系列を示す。

アゴナル計画とよばれる。

ダイアゴナル計画表のP_1とP_4は**図表6.7**のA)の右回りと左回りの評価順序に相当する。また、P_2とP_3は**図表6.7**におけるB)の矢印の評価順序およびその反対回りの評価順序に相当する。

ダイアゴナル計画はいつでも可能とはならない。比較試料の個数によって一部の評価系列がサイクリック性を保っていない場合があるからである。すべてのパネルの評価系列がサイクリック性を保つためには、比較試料の個数が素数でなければならない。逆にこのような条件を満たす場合、サイクリック一対比較法はパネル数およびパネルの負担を軽減しつつ、すべての比較対を効率よく評価できる有益な手法であるといえる。

■第6章の参考文献

[1]　佐藤信(1985)：『統計的官能検査法』、日科技連出版社
[2]　Thurstone, L. L.(1927)："Psychophysical analysis", *Amer. Jour. Psychol.*, 38, pp.368～389
[3]　Thurstone, L. L.(1927)：" A law of comparative judgment", *Psycol. Rev.*, 34, pp.273～286
[4]　Mosteller, F.(1951)："Remarks on the method of paired comparisons：Ⅰ. The least squares solution assuming equal standard deviations and equal correlations", *Psychometrika*, 16, pp.3～11
[5]　Mosteller, F.(1951)："Remarks on the method of paired comparisons：Ⅱ. The effect of an aberrant standard deviation when equal standard deviations and equal correlations are assumed", *Psychometrika*, 16, pp.203～206
[6]　Mosteller, F.(1951)："Remarks on the method of paired comparisons：Ⅲ. A

test of significance for paired comparisons when equal standard deviations and equal correlations are assumed", *Psychometrika*, 16, pp.207 ～ 218

[7]　Bradley, R. A. and Terry, M. E.(1952)："Rank analysis of incomplete block designs：I. The method of paired comparisons", *Biometrika*, 39 , pp.324 ～ 345

[8]　Bradley, R. A.(1954)："Rank analysis of incomplete block designs：II. Additional tables for the method of paired comparisons", *Biometrika*, 41, pp.502 ～ 537

[9]　Bradley, R. A.(1955)："Rank analysis of incomplete block designs：III. Some large sample results on estimation and power for a method of paired comparisons", *Biometrika*, 42, pp.450 ～ 470

[10]　Bradley, R. A.(1954)：" Incomplete block rank analysis：on the appropriateness of the model for a method of paired comparisons", *Biometrics*, 10, pp.375 ～ 390

[11]　Scheffé, H.(1952)："An Analysis of Variance for Paired Comparisons", *J. Amer. Stat. Assoc.*, Vol. 147, pp.381 ～ 400

[12]　浦昭二(1956)：「一対比較実験の解析」,『日科技連官能検査研究会資料』、B-32, pp.1 ～ 8

[13]　芳賀敏郎(1962)：「Scheffé の方法の変形」,『日科技連官能検査研究会資料』、R-44, pp.143 ～ 145

[14]　中屋澄子(1970)：「Scheffé の一対比較法の一変法」,『第 11 回　官能検査大会報文集』、pp.1 ～ 12

[15]　芳賀敏郎、鈴木ことば(1993)：「アンバランスな一対比較法データの SAS による解析」、日本 SAS ユーザー会

[16]　芳賀敏郎、伊大知和利、河南文人(1994)：「逐次型一対比較法実験(対象が多い場合の一対比較法実験)」、第 24 回日科技連官能検査シンポジウム

[17]　芳賀敏郎、鈴木ことば(1993)：「アンバランスな一対比較法データの解析」、『第 43 回研究発表要旨』、日本品質管理学会

[18]　芳賀敏郎、鈴木ことば(1993)：「アンバランスな一対比較法データの SAS による解析」、日本 SAS ユーザー会

[19]　芳賀敏郎(1993)：「アンバランスな一対比較法データの解析」、第 23 回官能検査シンポジウム

[20]　長沢伸也(1991)：「サイクリック一対比較法の提案(1)－不完備型実験計画法の適用－」、『人間工学』、第 27 巻特別号

[21]　長沢伸也 (1992)：「サイクリック一対比較法の提案(2)－評価者が複数の場合の解析－」、『人間工学』、第 28 巻特別号

[22]　長沢伸也(1993)：「サイクリック一対比較法の提案(3)－線形模型による解析－」、

『人間工学』、第 29 巻特別号
[23]　長沢伸也(1994)：「サイクリック一対比較法の提案(4) − 実験方法と要因効果の推定 − 」、『人間工学』、第 30 巻特別号
[24]　長沢伸也(1995)：「サイクリック一対比較法の提案(5) − サイクル系列の影響 − 」、『人間工学』、第 31 巻特別号
[25]　長沢伸也(1996)：「サイクリック一対比較法の提案(6) − 完全一対比較との関係 − 」、『人間工学』、第 32 巻特別号
[26]　長沢伸也(1997)：「サイクリック一対比較法の提案(7) − 完全一対比較を分割する場合 − 」、『人間工学』、第 33 巻特別号

第7章 時系列解析（TI法）

7.1 はじめに

　官能評価の適用分野は、建築、被服、自動車、家庭電化製品、香粧品など、実に多種多様な方面にわたる。食品・飲料も官能評価の主要な適用分野の一つである。いずれの分野における官能評価も、本質的には同じ原理原則にもとづいて行われているといえるだろう。しかしその一方、食品・飲料の官能評価には、以下に示すような特徴があると思われる。

① 1回の試食、あるいは試飲で評価できる試料は必ず1種類に限られること。つまり、画像を評価するときのように複数の試料を同時に「見比べる」ことができないことは、食品・飲料の官能評価の大きな特徴の1つなのである。

　例えば「間違い探し」をするときのことを考えてみよう。2つの図柄を見比べることを許した場合と許さない場合とでは、果たしてどちらの返答が困難であろうか。いうまでもなく、見比べることができないほうである。

　ところが、食品・飲料の官能評価は、本質的に、見比べることが許されずに間違い探しをするようなところがある。食品・飲料の官能的特徴を比較するということは、先に評価した試料の官能的特徴に関する「記憶」と、今評価している試料の官能的特性との比較を行っているのである。そのため、優秀なパネリストは、単に感覚が鋭敏であるだけでなく、対象となる食品・飲料の官能的特徴を素早く認識し、記憶できなくてはならない。

　以上の理由から、記憶の手掛かりとなる評価軸（評価用語）を承知して

おくことが必要となるし、またそれを習得するための訓練も重要になる。QDAなど記述的評価法におけるパネリストの教育と評価用語の抽出は、上記の食品・飲料の官能評価の特徴が端的に表れているといえるだろう。

② 先に試食・試飲した試料が、後の試料の評価結果に強く影響を与えること。特に固形状の食品の場合、嚥下後に口腔内に残存した残渣の影響が強く結果に反映される。このことは、食品・飲料の官能評価では、試料の提示順序による結果へのバイアスを常に考慮しなければならないことを示している。極端な場合は、試食順で評価結果が逆転することさえある。この試食順序によるバイアスの存在を考慮した手法が、「横綱級」の官能評価法[1]とも評されるシェッフェの一対比較法(**第6章参照**)である。

③ 摂食後口腔内に取り込まれた試料は、咀嚼・嚥下プロセスによって動的に変化すること。これに伴い、食品・飲料の官能的特徴も経時的に変化する。例えばチョコレートにしても、ビスケットにしても、摂食直後の状態と嚥下直前の状態ではその状態が大きく異なっている。食品・飲料の官能的性質は、決して静的な現象ではなく、本質的に動的な現象なのである。

本章で取り上げる事例は、上記のうち、③に記した食品・飲料の官能的性質の動的な側面にフォーカスを当てたものである。官能的性質の動的な変化をとらえるための官能評価法はいくつか提案されているが、その一つが本章で取り上げるTI(Time Intensity)法(時間強度曲線法)である。

7.2 事例の紹介

本章で紹介する事例は、1993年9月に開催された「第23回 日科技連官能評価シンポジウム」における発表演題「ストレス状態における味の感受性評価」(水間桂子、難波和子、中川正：サントリー㈱ 基礎研究所)である。

ストレス状態における味の感受性評価

1. はじめに

　苦味や酸味は一般的に好ましくない味とされている。苦味は体内に取り入れてはいけない毒のシグナル、酸味は腐敗した味の1つとして認識され、味覚機能が発達していない幼児などはほとんど口にしないのが通例である。しかしながら、コーヒーやビールのような嗜好品にとって苦味と酸味は味にしまりと均衡を与える要素として不可欠な存在である。我々はこのような味の機能について興味を抱き、苦味と酸味の嗜好性に関する研究を始めた[2]、[3]。日常の生活において苦味の効いた嗜好品を欲しくなる場面を考えると、会議の後のコーヒー、会社帰りのビールといったように疲労つまりストレスを感じたときが多く、また酸味を欲しがっているときはスポーツなどで疲労したときなどが多いのではないかと思われる。そこで精神的・肉体的ストレスと苦味、酸味嗜好の関連性を調べるための実験を行った。

　本研究では精神的ストレスと運動ストレスといった2種類のストレス状態を人工的につくり出し、その状況下での苦味感受性および酸味感受性がどのように変化するかをTI(Time Intensity)法を用いて評価した。

2. 方法

2.1 精神的ストレス状態における味の感受性評価

(1) 評価手順

　この評価では、精神的ストレス負荷が苦味の感受性に与える影響について調べた。精神的ストレス条件としてはコンピューターによる文字探索課題(図表7.1)を40分間連続で行わせ、その作業前と作業後にTI法を用いて苦味の感受性を測定した。また同時にその時点での気分状態を調べる心理評価についても実施した。さらにコントロールとして環境ビデオを40分間視聴させるリラックス条件を設け同様に測定を行った。各被験者は、これらの両条件のテストを異なる日の同じ時間帯に実施した。

154　第 7 章　時系列解析(TI 法)

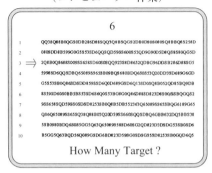
精神的ストレス負荷
（コンピューター作業）

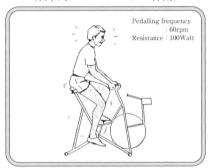
運動ストレス負荷
（自転車エルゴメーター作動）

図表 7.1　精神的・運動ストレス負荷内容

(2)　被験者
当社研究所員 24 才〜 46 才の 18 名(男性 7 名、女性 11 名)に対して行った。

(3)　サンプル
苦味サンプルとして硫酸キニーネ 0.00136g/100ml 水溶液を用いた。

2.2　運動ストレス状態における味の感受性評価
(1)　評価手順
　精神的ストレスに対して、この評価では運動ストレス負荷が苦味および酸味の感受性に与える影響について調べた。運動ストレス条件としては、自動車エルゴメーター(**図表 7.1**)に比較的重い負荷をかけて 10 分間連続で行わせ、その作業前後に TI 法を用いて苦味および酸味の感受性を測定した。また同時にその時点での気分状態を調べる心理評価についても実施した。さらにコントロールとして環境ビデオを 10 分間視聴させるリラックス条件を設け、同様に測定を行った。各被験者は苦味、酸味についてこれらの両条件のテストを異なる日の同じ時間帯に実施した。

(2) 被験者

当社研究所員24才～27才の11名(男性5名、女性6名)に対して行った。

(3) サンプル

苦味サンプルとして硫酸キニーネ(0.00136g)／100ml 水溶液を用いた。また酸味サンプルとしてクエン酸 0.2625g/100ml 水溶液を用いた。

3. 評価手段

3.1 TI 評価

苦味、酸味感受性の評価は、**図表 7.2** が示すスライド式の TI(Time Intensity)評価装置[4]を用いて味の時間強度を経時的に測定した。最初サンプルの水溶液を 10ml 口に含み 10 秒後に吐き出すという手続きで、120 秒測定を継続した。口に含んだ直後のサンプルの味強度を「中くらい」とし、5 秒ごとにその時点における味の強さを「感じない」から「極端に強い」までの 6 段階で表した。また、TI 評価の結果より得られたデータは TI パターンとして表した。TI パターンから各味の総量(面積)、最大強度、持続時間、後味持続時間などの尺度化を行い、作業負荷前と負荷後のデータを比較した。

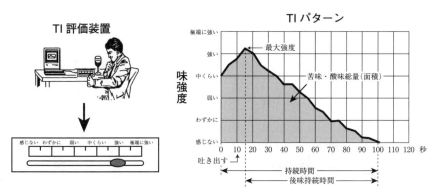

図表 7.2　TI(Time Intensity)法

3.2 心理評価

ストレス負荷およびリラックス負荷が与える心理的状態の変化を調べるために、日本語版POMS[5]用紙を用いて、気分状態を問う65項目の質問事項のなかから「緊張感」、「イライラ感」、「活力感」、「疲労感」、「脱力感」に関する項目を独自に拾い上げ、そのスコアの合計点で各作業負荷前後のデータを比較した。

4. 結果および考察

4.1 精神的ストレス状態における味の感受性評価結果

精神的ストレス条件、リラックス条件における評価結果より、作業負荷前後の苦味感受性の変化および心理状態の変化を図表7.3に示す。

精神的ストレス条件では、コンピュータ作業負荷前後のTIパターンの差から負荷後明らかに苦味感受性が低下することがわかった。TIパターンの各尺

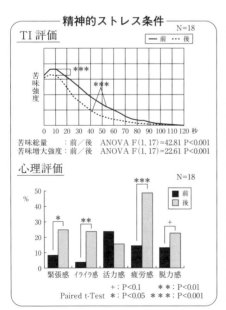
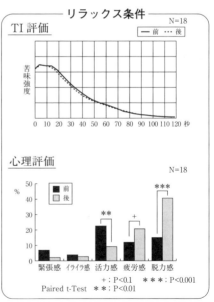

図表7.3 精神的ストレス条件・リラックス条件における苦味評価結果（全体の平均値）

度に関して分散分析を行ったところ、苦味総量と苦味最大強度において0.1%水準で有意差が認められた。それに対して、リラックス条件では環境ビデオ視聴前後のTIパターンにはほとんど差がなかった。また、心理評価では精神的ストレス負荷後は「緊張感」、「イライラ感」が増加していることから、コンピュータ作業によって明らかに精神的にストレス状態に陥っていることがわかる。一方リラックス条件下では「活力感」が減少し「脱力感」が増加していることから、環境ビデオにより眠気が催され、リラックス状態にあるといえる。

4.2　運動ストレス状態における味の感受性評価結果

運動ストレス条件、リラックス条件における評価結果より、作業負荷前後の苦味感受性の変化および心理状況の変化を図表7.4に示す。

自動車エルゴメーター作動による運動ストレス条件においても、またリラックス条件においても各作業負荷前後のTIパターンに見られる苦味後味持続性

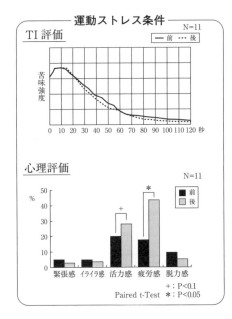
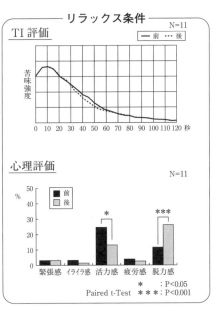

図表7.4　運動ストレス条件・リラックス条件における苦味評価結果（全体の平均値）

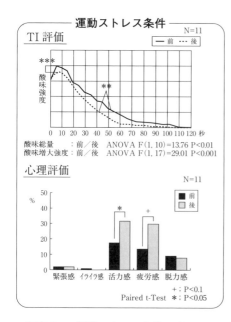
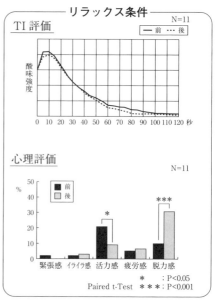

図表7.5　運動ストレス条件・リラックス条件における酸味評価結果（全体の平均値）

に差はなく、運動ストレスは苦味感受性に影響を与えないことがわかった。心理評価の結果、運動ストレス負荷後は「活力感」、「疲労感」が増加する傾向が見られた。すなわち、運動によって意識は活性化されたが肉体的疲労を感じていることがわかる。リラックス負荷後は「活力感」が減少し、「脱力感」が増加したことから、前の実験のときと同様リラックス状態にあるといえる。

また、同じ評価方法で酸味の感受性について行った結果を図表7.5に示す。

運動ストレス負荷前後において苦味感受性は変化が見られなかったのに対し、酸味感受性の評価では負荷後明らかに減少する傾向がTI評価の結果より認められた。分散分析の結果、酸味総量と酸味最大強度に有意差が見られた。リラックス条件下では負荷前後に差はなかった。

5. まとめ

本研究の結果より、味覚の感受性に与える影響はストレスの性質により異な

ることがわかった。すなわち、苦味の感受性は精神的ストレスを受けると低下するが、運動ストレスに対しては影響を受けない。それに対して、酸味の感受性は運動ストレスによって低下することがわかった。今回の実験では味の感受性評価を TI 法を用いて測定したことによって、味覚特性をさまざまな尺度から詳細にとらえることが可能になった。そのため、微妙な味覚変化を測定することができたと考えられる。

さらに、ストレスの内容に応じて苦味、酸味の感受性が低下すると、その味に対する許容量が増え、より強い刺激を求める生理的な作用が働くと考えられる。それゆえに、日常生活において精神的に疲れた後は苦い嗜好品を好み、運動による肉体的疲労の後には酸っぱいものが欲しくなる現象が起こるのだと考えられる。

7.3 事例の解説

酸味は摂取する食物の腐敗を示すシグナルとして、苦味は毒物の存在を示すシグナルとして、ヒトにとって先天的に好ましくない味であるとされている[6]。その一方で、コーヒーやビールなどの嗜好飲料では苦味や酸味が重要な役割を果たしていることが多い。本来好ましくないはずのこれらの味質を、私たちは嗜好飲料の中になぜわざわざ求めるのであろうか。これについて、紹介事例の報告者たちは、「種々のストレスを感じたときに、嗜好飲料中の苦味や酸味を求めるのではないか」との仮説を立て、「酸味や苦味に対する応答が、与えられたストレスによってどのように変化するのか」を TI 法によって検証した。

7.3.1 実験条件

(1) ストレスの負荷条件とパネル

実験は、人工的につくり出された精神的ストレスと運動ストレスの 2 種に対して行われている。

いずれのストレスに対しても、ストレス負荷試験あるいはストレス緩和試験を別の日の同時刻に行い、その前後における味覚感受性と心理状態を評価する

図表 7.6　実験条件の概要

	実験 1	実験 2(苦味)	実験 2(酸味)
ストレスの種類	精神的ストレス	運動ストレス	
ストレス負荷試験法	コンピュータによる文字探索課題(40分間)	自転車エルゴメーター負荷(10分間)	
ストレス緩和試験法	環境ビデオの視聴(40分間)	環境ビデオの視聴(10分間)	
パネル	24～46歳　18名(男性7名、女性11名)	24～27歳　11名(男性5名、女性6名)	
味覚評価項目	苦味(硫酸キニーネ)	苦味(硫酸キニーネ)	酸味(クエン酸)

という実験構成になっている。図表 7.6 に、実験条件の構成の概要を示す。なお、運動ストレスは苦味と酸味について行っているが、それぞれの味質についてストレス負荷試験とストレス緩和試験を異なる日の同一時刻に行い、味覚感受性と心理状態の評価を行っている。

　精神的ストレス評価と運動ストレス評価に参加するパネリストの年齢層が異なっており、運動ストレス評価に参加するパネリストは 20 代に集中している。これは、自転車エルゴメーターによる 10 分間の運動負荷に耐え得る体力をもつ者をパネルに選んだためかもしれない。

　ストレス緩和試験は環境ビデオの視聴によって実施しているが、精神的ストレスと運動ストレスで視聴時間が異なっている。これは、それぞれのストレスの負荷時間(精神的ストレス 40 分、運動ストレス 10 分)に合わせたものであろう。

(2)　心理評価(ストレス状態評価)法について

　ストレスの負荷状態(心理状態)は、日本語版 POMS(Profile Of Mood States)から「緊張感」、「イライラ感」、「活力感」、「疲労感」、「脱力感」に関する項目を独自に選出して、ストレス負荷あるいはストレス緩和前後における質問を行ったとしている。

　POMS は、評価者の気分を評価するため米国で開発された質問紙法であり、

「緊張—不安」、「抑うつ—落ち込み」、「怒り—敵意」、「活気」、「疲労」、「混乱」の6つの気分尺度を同時に測定できる[7]。

紹介事例では、日本語版POMSの気分状態を問う65項目のなかから、「緊張感」、「イライラ感」、「活力感」、「疲労感」、「脱力感」に関する独自の項目を新規に設けたとしている。

POMSでは、「全くなかった」(0点)から「非常に多くあった」(4点)までの5段階の尺度で回答が点数化されるため、得られた結果は数値データとしてt検定などの統計的処理を行うことができる。本事例でも、結果を示すグラフ中に「Paired t-Test」と記載されていることから、対応のある2群のt検定によって各パネリストの負荷前後におけるデータの差の統計的有意差検定を行っていることがわかる。

(3) 紹介事例で用いられているTI法

紹介事例で用いられているTI法は、機械式のスライド式評価装置を用い、5秒間隔で味強度の経時変化を記録している。機械式のTI法は、現在はほとんど用いられることがない方法である。データの取り込み間隔の5秒は、一般的なTI法と比較して、かなり長いが、味覚強度の評価とスライド操作を同時に行う際のパネリストの混乱を考えての条件と考えられる。スライドには、「感じない」、「わずかに」、「弱い」、「中くらい」、「強い」、「極端に強い」という6段階の程度表現が添えられており、評価の際の強度についての判断の参考となるように設定している。

パネリストは試料の水溶液を10ml口に含み、10秒間口中に滞留させてから吐き出すように指導されている。計測は口に含んだ瞬間を開始時点として120秒間記録することとしている。試料を飲み込まない理由は記載されていないため不明だが、試料を飲み込むことにより咽頭部まで呈味物質を含んだ溶液が口腔内を覆うと、唾液などの働きによる口腔内からの呈味物質の消失に相当な時間がかかって、120秒間では計測しきれなくなってしまうからなのかもしれない。味覚強度を評価する際は、「口に含んだ直後の試料の味強度」をまず「中くらい」と返答してから、続いて感じられる味覚強度を評価するように指導されている。この回答方法は、後述する現在のTI法の考え方から見ると独特な

方法である。

　得られたデータから、横軸に経過時間、縦軸に味強度をプロットして結んだ曲線(TIパターン)を作成し、「味の面積」、「最大強度」、「持続時間」、「後味持続時間」などの指標(パラメーター)を抽出してデータの比較を行っている。抽出されたパラメーターの統計的検定は、図中にANOVAと記載されていることから、評価者をブロック因子とする二元配置分散分析によって統計的有意差検定を行っていることがわかる。

　紹介事例では、精神的ストレス18名、運動ストレス11名から得られた個別のTIデータを集約した1本の曲線がグラフ化されて紹介されている。TI曲線の集約法にはいくつかの方法があるが、本紹介事例でTIデータをどのように集約したのか、その方法については特に記載されていない。

7.3.2　結果
(1)　精神的ストレスの味の感受性への影響

　精神的ストレス負荷後の心理状態は「緊張感」、「イライラ感」、「疲労感」が増加しており、精神的ストレス状態にあるとしている。このとき、精神的ストレス負荷の前後で苦味の総量(面積)と最大強度のTI評価結果に統計的有意差が見られ、精神的ストレスが苦味の感受性を低下させているとしている。

　一方、リラックス条件の前後では、「活力感」が減少し「脱力感」が増加していることからリラックス条件によって眠気が催されているとしている。このとき、苦味のTI法の評価結果に統計的有意差は見られなかった。

(2)　運動ストレスの味の感受性への影響

　運動ストレス負荷後の心理状態は、「活力感」、「疲労感」が増大し、このことから意識は活性化されたが、肉体的疲労を感じているとしている。一方、リラックス条件では「活力感」が減少し、「脱力感」が増加してリラックス状態にあるとしている。

　苦味のTI評価結果は、運動ストレス前後、リラックス条件前後のいずれにも違いは見い出されなかった。一方、酸味のTI評価結果は運動負荷の前後で総量(面積)と最大強度に統計的有意差が見られ、運動ストレスが酸味の感受性

を低下させているとしている。

一方、リラックス条件の前後では、苦味、酸味のいずれも TI 法の評価結果に統計的有意差は見られなかった。

(3) 本事例の結論

本検討結果から、報告者たちは「味覚の感受性に与える影響はストレスの性質により異なることがわかった」と結論づけており、精神的ストレスは苦味の感受性を低下させ、運動ストレスは苦味の感受性は低下させないが、酸味の感受性を低下させるとしている。そして、これが精神的に疲れた後は苦味の強い嗜好品を好み、運動による肉体的疲労の後には酸味の強い嗜好品が欲しくなる原因と考えられると結論付けている。

7.4 TI 法とはどのような手法なのか

本事例は官能評価法として TI 法が採用されていることに特徴がある。そこで、TI 法について簡単に説明しよう。

TI 法は、官能的特性の経時的な変化の動態を評価・記録する官能評価法の一種である。TI 法の起源は比較的古く、その始まりは 1950 年代あるいはそれ以前にまでさかのぼるともいわれている[8]。その意味では比較的クラシカルな官能評価なのであるが、一方で、その時々の最新テクノロジーを取り入れて常に内容を刷新している側面もあり、今なお新しさを保っている手法であるともいえるだろう。

TI 法は食品・飲料分野で幅広く適用されているが、シャンプーの起泡性やその持続性、医薬品投与後の皮膚感覚の変化、さらにはオーディオ・ビジュアル分野における音響や画像の経時的な変化の評価にも用いられている[9]。ただし、賞味期限設定などのような日単位、月単位のような長期間にわたる官能的特徴の変化に利用することはできない。

官能評価法は、「分ける方法」「順序をつける方法」「点数をつける方法」の 3 つの方法に大別でき、前者から後者に行くにしたがって得られる情報量が増す[10]。「分ける方法」には例えば 3 点識別法がある。「分ける方法」では、試

料間の官能的特徴の差異の有無に関する情報は得られるが、差異の大きさに関する量的な情報は得られない。「順序をつける方法」の例としては順位法がある。「順序をつける方法」では、官能的特徴の強さの順番はわかるが、その程度についてはわからない。「点数をつける方法」の代表的なものとしては採点法がある。「点数をつける方法」では官能的特徴の量的な情報を得ることができる。TI法は、この3つのうち、「点数をつける方法」に時間の次元を加えた一種の「拡張版」と理解することもできるだろう。もともと情報量の多い点数をつける方法に、時間の次元を加味していることからも想像できるように、TI法は非常に情報量豊かなデータを得ることができるが、同時にそれがまたTI法独特の難しさを生み出してもいる。

以下に、主に食品・飲料分野への適用を念頭に置き、TI法の概要を説明しよう。

7.5 TI法の具体的実施手順

TI法は、おおむね次の手順から成り立っている[11]。
① 質問する官能特性（評価項目）を決める。
② TIデータの採取法を決める。
③ パネリストの招集と訓練を行う。
④ データ解析方針を決める。
⑤ TI法による官能評価を実施する。
⑥ データ解析を行う。

以下に、上記のそれぞれについて解説する。

7.5.1 質問する官能特性（評価項目）を決める

TI法では、1回の評価で質問できる項目は原則として1つに限られる。したがって、TI法では最初に研究の目的に照らし合わせ、「何を第一に質問するべきなのか」事前によく検討する必要がある。ここで考慮しなくてはならないのは、評価項目の意味の「複雑さ」や「あいまいさ」である。例えば、「甘味」であるとか「塩味」であるといったような、特別な定義の必要のない質問項目

であれば問題は少ないが、記述的評価法で抽出されたような特殊でオリジナリティーの高い評価項目について質問するのであれば、パネリストにも適切な説明と訓練をする必要が生じる(例えば、ある食品に「枯草臭」があるといわれたとき、あなたはそれがどんな香りかすぐに想像がつくだろうか？)。

なお、複数の評価項目の時系列的な変化を一回の官能評価で測定できる方法として、近年 TDS(Temporal Dominance of Sensations)法が注目を集めている[12]。TDS 法はあらかじめ用意された複数の評価項目(「甘味」、「酸味」、「苦味」など)から、時々刻々その時点で最も主要であると判断した評価項目1つについてのみ返答する。

TDS 法を広義の TI 法として分類する意見[8]がある一方、QDA のような記述的評価法として分類する見解もある[13]。そのなかで最近、食品・飲料の官能的性質には、①多次元性、②強度、③経時的変化の3つの側面があるが、記述的評価法は①多次元性と②強度に、TI 法は②強度と③経時的変化にそれぞれ特化している一方で、TDS 法は①多次元性と③時間変化に特化した手法であるという意見が提案されている[14]。この意見に従えば、TDS 法は、記述的評価法にも TI 法にも属さない、それらと相互補完的な立ち位置にある別の手法ということになる。また、TDS 法はまだ新しい手法である。今後さまざまな知見が蓄積され、その評価が定まっていくことだろう[15]。

7.5.2 TI データの採取法を決める

TI データの採取法には、歴史的にみると、非連続的な方法(Discrete Sampling、Discontinuous Sampling、Cued Techniques)と、連続的な方法(Continuous Tracking、Real-time Techniques)という2つの方法がある[8]、[9]。

非連続的方法では、パネリストは音や光などで合図された一定の時間間隔ごとに、特定の官能特性の強度を点数化して記録する。記録は連続的に行うわけではないので、パネリストに対する負担は比較的軽く、また、連続的方法で必要とされるような特殊なデータ入力装置を必要としないので、安価に行えることが長所である。その一方で、連続的方法に比べて時間分解能が劣ること、一定時間ごとの合図で注意が散漫になる可能性があること、それまでの自分の返答を過去にさかのぼって見ることによる結果へのバイアスがあることなどが欠

連続的方法は現在、TI法の主流となっている方法であり、TI法といえば通常この手法を指す。この方法では、パネリストは特定の官能的特徴の感覚強度を間断なく連続的に評価する。連続的方法が考案された当初は、紹介事例にもあるような機械的な入力装置を用いてデータの回収を行ったようであるが、現在はPCとマウスを用いたものが主流であり、TI法用のソフトウェアもいくつか市販されている。TI法用のソフトウェアは、初歩的なプログラミングの知識があれば比較的簡単に自作することもできる。**図表7.7**に、筆者がビジュアルベーシックを用いて自作したTI法用のソフトウェアの評価画面を示す。測定中に感じた感覚強度は、図の右側にあるスクロールバーで入力する。

図表7.7のソフトウェアはチョコレートの甘味の評価を行うために作成したものである。スクロールバーに、「全く甘くない」から「かなり甘い」まで5段階の甘味の程度表現を付した。評価を行う際は、スクロールバーをクリックすると0.1秒間隔でデータの取り込みが開始される。パネリストは喫食中に感じた試料の甘味強度に応じてスクロールバーをマウスで上下に操作する。甘味

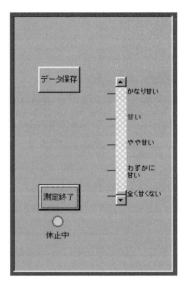

図表7.7　TIデータ採取用ソフトウェア入力画面例

が消失し、評価が完了したとパネリストが判断した時点で、左下にある「測定終了」ボタンをクリックするとデータの取り込みが終了する。最後に、左上の「データ保存」ボタンをマウスでクリックすると、メモリ内に記憶されたデータ（スクロールバーの位置情報として入力された甘味強度と、それに対応する経過時間（秒））が、PCのハードディスクに保存される設定になっている。

連続的方法を行う際は、パネルは官能的特性の感覚強度を持続的に返答しなくてはならず、そのため高度な集中力の持続が求められる。このため、複数の官能的特性について同時に返答することは通常困難である。

TIデータの採取条件を決める際に重要なもう一つの点は、「パネリストの返答時間をどの程度見積もるか」ということである。このことは同時に「データの採取間隔をどの程度にするか」も関係してくる。返答時間は、「官能的特性の感覚が消失した」とパネリストが判断するまでデータを採取する場合もあれば、本紹介事例のように一定の期間を設け、所定の時間に到達した時点でデータの採取を中止する場合もある。

データの採取間隔は、データの時間分解能を決定する。データの採取間隔が短くなればなるほど、短時間に生じる感覚強度のわずかな変化もとらえることができる。ただし、データ採取間隔が小さくなればなるほど得られるデータの総量も膨大になる。ただし、近年はPCなど情報処理機器の能力の向上は目覚ましく、データ量についてはかつてほどの制約条件ではなくなってきたといえるだろう。

7.5.3　パネリストの招集と訓練を行う

これまでに何回か指摘してきたように、TI法は大変特殊な官能評価法であるため、特別に選出され、訓練を受けたパネルを準備することが必須となる。

TI法用のパネルは、さまざまな官能的特徴が複合的に存在する試料中から、特定の特性を選び出し、その感覚強度の変化に注目し続けられる持続的な集中力が求められる。もちろん、そのときに感じ取った感覚強度を的確に定量化できる能力と、その判断結果を的確に入力装置に入力できる技術も必要である。そして、これらの複雑な一連の操作の実行を可能にできる評価への前向きな参加意欲も求められる。TI法パネルの募集と育成は、これらの諸点を勘案して

行わなくてはいけない。このように TI 法パネルには官能評価パネリストとしてかなり高度で洗練されたスキルが要求されるため、同じく高度なスキルが要求される QDA などのような記述的分析法パネルが適しているという意見もある[9]。

なお、TI 法では感覚強度を数値化して記録する際に、感覚強度の判断基準となる標準品を提示することが推奨されている。筆者の例でいえば、**図表 7.7** で紹介した TI データ採取用ソフトウェアでは、森永製菓製「ダースミルク」を一粒試食した際の最大甘味強度を、図中の「甘い」に相当する甘さとして評価を実施した[11]。

7.5.4 データ解析方針を決める

ここでは連続的方法による TI データの解析法について記す。

TI 法データは、時間軸と感覚強度の 2 次元方向に広がりをもつ、特殊な形式のデータである。そのため、TI 法データの解析には独特の難しさがある。TI 法データは、一般に TI 曲線とよばれる横軸に時間、縦軸に感覚強度をプロットしたグラフとして視覚的に示されることが多い。なお、本紹介事例では、「TI パターン」とよんでいるグラフがそれに該当する。この TI 曲線として得られたデータから有用な情報を回収し、その意味を解釈することがデータ解析の目的となる。データ解析では、「①複数のパネリストから得られた TI データをいかに集約するか」、「② TI 曲線からいかに意味のある情報を得るか」の 2 つが主たる課題になる。

まず、TI データの集約法について述べよう。咀嚼・嚥下プロセスは、個人間の差が非常に大きいことはよく知られている[11]。そのため、同一の試料に対する TI 曲線もパネリスト間の差が非常に大きくなる。この個人間差の大きい複数の TI 曲線を、全体を代表する一つの TI 曲線にどのように集約するかは、TI 法に関する古くて新しい課題の一つである。

例えば、複数のパネリストから得られた TI データについて、同一の経過時間ごとに平均値を算出して、それを集約化された TI 曲線と見なすことにしたとしよう。ここで、頻繁にあることだが、TI 曲線が終端に至るまでの時間に大きな個人間差があったとする。すると上記の方法で集約化した TI 曲線の終

端は、終了までの時間が最も長かったパネリストの終端時間に必ずなってしまうのである。なぜなら、返答継続中のパネリストが一人でも存在していれば、その平均値はゼロよりも大きくなるからである。一人を除くパネリストが皆返答を終えているにもかかわらず、たった一人が返答しているために延々と続くその「平均化曲線」が、果たして全体の傾向をよく表しているといえるであろうか。もちろんいえないだろう。ここに TI 曲線の集約化の難しさが典型的な形で表れている。この問題を回避するための方法として、感覚強度ばかりでなく、時間軸方向についても平均化する方法がいくつか提案されているほか[8]、[9]、[16]、理論的な数値曲線をあてはめる方法[17]、[18]や、主成分分析を用いる方法[9]などが提案されている。

次に TI 曲線からの情報の抽出について述べよう。グラフとして描画された TI 曲線は、官能的特性の経時変化の動態を直観的に知るための非常に優れた方法であるが、そのままでは数量的な取扱いが難しい。そのため、TI 曲線から、その特徴を示す指標(パラメータ)を抽出し、経時的変化上の特徴を数値化することが行われる。パラメータにはいくつもの種類があるが、いずれのパラメータを使用しなければならないか一律に決まっているわけではなく、研究の目的に応じて適宜使い分ければよい。場合によっては新規なパラメータを考案して使用することも可能である。パラメータを表す用語や記号にはいくつかのバリエーションがあるが、一例として**図表 7.8** および**図表 7.9** に、ASTM による TI 法の規格[9]に収載されているパラメータ例を一部紹介する。なお、パラメータには多くの種類があるが、パラメータ間に相関性が見い出されることがしばしばあるため、10 種類以上選出することにはあまり意味がないという指摘もある[8]。

パラメータは、個々のパネリストからの TI 曲線から抽出することも可能であるし、集約された TI 曲線から抽出することもできる。ただし、個々のパネリストの TI 曲線から抽出されたパラメータの集約結果と、集約された TI 曲線から抽出されたパラメータは必ずしも一致しないことがあるので、その点は注意しなくてはいけない[9]。

TI 曲線からパラメータを抽出してその特徴を数値化することにより、分散分析や多変量解析による統計的な解析が可能になる。分散分析は個別のパラ

図表7.8 TI法におけるパラメータの例

パラメーター名	定義
T_{init}	刺激に最初に接し、計測を開始した時点
T_{onset}	刺激に接した後、最初に刺激が感じ取られた時点
増加率	T_{init} あるいは T_{onset} から、I_{max} にかけての TI 曲線の傾きの程度
I_{max}	測定の期間中に最も強く感じられた感覚強度
プラトー（plateau）	最大強度に到達後、一定時間それが持続することがしばしばある。その一定時間連続する最大強度の持続時間
T_{max}	I_{max} に到達するまでの時間
減少率	I_{max} の終端から T_{ext} にかけての TI 曲線の傾きの程度
T_{ext}	感覚が感じられなくなる時間
T_{dur}	感覚が感じられていた時間　$T_{ext} - T_{onset}$
AUC	TI 曲線下の面積　Area Under the Curve

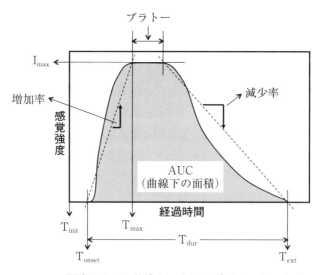

図表7.9 TI曲線上におけるパラメーターの例

メータについて、試料間に統計学的有意差があるかどうかの検定を行うために実施する。一方、TI 曲線の類似度のようなパターン分類を行うためには、主成分分析のような多変量解析を用いる。筆者はかつて市販チョコレートを対象

としてその甘味の強さを TI 法で測定し、抽出されたパラメータの主成分分析を行い、TI 曲線上の特徴によってチョコレートの分類を行った[11]、[16]。

7.5.5 TI 法による評価実施とデータ解析

　これは TI 法に限らず、すべての官能評価、あるいはすべての科学的実験に当てはまることであるが、予備検討を含め事前の準備と計画がなされていれば、本番の実験自体は計画に従って粛々と実行すればよいはずである。実験で一番重要なのは、実験それ自体ではなく、むしろ計画段階なのである。TI 法についても同様である。前節までの用意が適切になされていれば、評価の実施と解析はただ実行あるのみである。事前準備さえしっかりできていれば、実際の実験自体はスムーズにできるはずである。

7.6　次の官能評価に向けて

7.6.1　TI データの採取装置について

　さて、現在の TI 法の視点から、本事例の内容を捉え直してみよう。
　本発表が行われたのは 1993 年である。それから現在に至るまでの間の IT 技術のイノベーションには隔世の感があり、それは TI データの採取にも反映されている。本発表では機械式（スライド式）の入力装置を採用しているが、先に記したように、現在では PC とマウスを使った方法が一般的である。また、TI 法用に種々のソフトウェアが市販されていることも前述のとおりであるし、比較的簡単に自作できることも前述のとおりである。

7.6.2　TI データの採取法について

　本報告では、「口に含んだ直後の試料の味強度」を「中くらい」と定義して TI 法を行っている。この手法は現在の一般的な TI 法の実施方法から見て、独特な面があることは先に指摘したとおりである。それはどのような点においてであろうか。
　まず、「口に含んだ直後の試料の味強度」について考えてみたい。「口に含んだ直後」とは、**図表 7.8**、**図表 7.9** に記載のパラメータでいえば T_{init} がそれに

該当すると思われる。現在、T_{init} から T_{onset} の間の感覚強度はゼロであると考えるのが一般的である。したがって、紹介事例での経過時間ゼロの時点で、すでに一定強度の感覚を感じていると規定することは、現在の視点からすると独特な方法ということになるだろう。もしかすると、紹介事例で使われているクエン酸または硫酸キニーネの溶液は、口に入れるや否やきわめて短時間のうちにその感覚強度を上昇させたのかもしれない。しかし、5秒間隔でデータを取り込まざるを得ないという時間分解能上の制約条件から、T_{onset} を捕捉することができなかったのではないだろうか。そこで、飲用直後のごく短時間の間に感じた、「感じ始め」の感覚強度を「中くらい」と定義したのかもしれない。いずれにしても「口に含んだ直後の試料の味強度」という定義は、現在の視点から見ると、定義にあいまいさがあるように思われる。データ取込み間隔が短く、時間分解能が高い現在の手法を用いれば、紹介事例とは異なるTI曲線が描かれるかもしれない。

　次の独特な点は、ストレス条件あるいはリラックス条件をかける前後における「口に含んだ直後の試料の味強度」を、どちらも「中くらい」に相当するとしていることである。TI法では、感覚強度の判断基準となる標準品を用意することが推奨されていることは先に記したとおりである。しかし、本事例のように、既知の濃度の呈味物質の水溶液を対象とした評価では、標準品を置くことにはほとんど意味がない。そこで、このような独特な評価方法になったのだろう。

　しかし、ここでストレスが負荷されることによって、パネリストの味覚の閾値が上昇した（味を感じにくくなった）と仮定しよう。すると、同濃度のクエン酸溶液あるいは硫酸キニーネ水溶液を試飲した際に感じる酸味あるいは苦味の主観的な味覚強度は、ストレス条件のほうが、リラックス条件よりも弱まって感じられるはずである。だとすると、ストレス条件負荷前後における「中くらい」の主観的な感覚強度は、必ずしも同等とはいえなくなるのではないだろうか。実際にどうだったのかは、本事例で示されたデータだけでは判断ができないように思われる。味覚感受性の変化を厳密に評価するのであれば、TI法の他に味覚の閾値の測定が必要になるかもしれない。

　示されたデータから確実に結論できることは、ストレスを付加すると苦味、

酸味の感覚強度の「中くらい」からの上昇度が低くなり、その後より速やかに減衰するようになったということであろう。理由は不明だが、呈味物質の口腔内からの減衰速度が速くなった可能性も考えられるのではないだろうか。その意味で、TI 曲線上の 10 秒から 50 秒程度の間の味覚強度の減少率などをパラメータに加えると、より明確に特徴を抽出することができたかもしれない。

7.6.3　データ解析

　TI 法においては、データ解析が大きな課題になることは先に記したとおりである。本事例では、複数のパネリストのデータの集約法についての記載が省略されているため、その詳細は不明である。咀嚼・嚥下プロセスの個人差が大きいことを考慮すると、本事例で紹介されている味覚水溶液の TI 曲線についても、T_{ext} に大きな個人差がある可能性もある。したがって、今日的な視点から見れば、返答時間には制限を設けずに TI 法を行い、データを集約する際は、感覚強度ばかりでなく、時間軸方向にも平均化するような手法[16]によるパネリスト間の TI 曲線の集約を行うべきであろう。

　心理評価データの統計的有意差検定には、対応のある 2 群の差の t 検定を行っている。この方法は、同一パネリストのストレスあるいはリラックス条件負荷前後のデータの差をとり、その差の母平均 μ が 0 であると考えられるか、「帰無仮説：μ = 0、対立仮説：μ ≠ 0」という検定を行うものである。この手法では、データ全体の分散からパネリスト間差の影響が取り除かれるため、平均値の差の t 検定よりも統計的有意差の検出力が高くなる。したがって、この場合、対応のある 2 群の差の t 検定の適用は妥当であろう。

　TI データの統計的有意差検定は、グラフ中に記載された分散分析の自由度から推察すると、ストレスあるいはリラックス条件負荷前後を因子とする他に、パネリストをブロック因子とした二元配置分散分析を行ったものと思われる。この分散分析には特に問題はないと思われるが、二元配置分散分析は対応のある 2 群の差の t 検定とも同じ結果を与えるから、心理評価データと TI データの両方とも、対応のある 2 群の差の t 検定、あるいは、二元配置分散分析で統計的有意差検定を行っても同じ検定結果になっただろう。

　なお、二元配置分散分析では、パネリスト間に統計的有意差があるかどうか

を検定することができる。パネリスト間に有意差があった場合は、パネリスト間の返答がそろっていなかったことを示している。特別に訓練したパネルから得られたデータで、パネリスト間が有意になった場合は、訓練を再検討する必要があるかもしれない。一方、特に訓練をしていないパネル(例：一般消費者など)から得たデータでパネリスト間が有意であった場合は、検定の検出力を高めるという意味で、まさに二元配置分散分析、あるいは対応のある2群のt検定を用いるべきケースであったといえるだろう。心理データ、TIデータのいずれもデータの分布に正規性が認められない、あるいは外れ値様のデータがあるが除外しきれない場合は、ウィルコクスンの符号付き順位検定のようなノンパラメトリック検定の導入を検討するのも一考の価値があるだろう[19]。

7.7 おわりに

最後に、基本的な事柄を指摘しておこう。

本事例では、なぜ複雑煩頊なTI法を採用したのであろうか。実は、事例のなかにはTI法を採用した明確な理由が記載されていないのである。答えは結果のなかに示唆されているように思われる。先に記したように、本事例では、精神的ストレスでは苦味の、運動ストレスでは酸味の減衰速度が速まることが示された。つまり、ストレスは味覚の静的な側面以上に、動的な側面にその効果が表れていたのではないだろうか。本事例のまとめの部分でやや遠回しに言及しているが、TI法以外の官能評価手法では、そのようなはっきりとした差を検出できなかったのかもしれない。もしそうであるとすると、そこにこそ、本事例紹介におけるTI法の活用の意義が端的に示されているように思われる。

■第7章の参考文献

[1] 天坂格郎、長沢伸也著(2000)：「2.5.5　シェッフェの一対比較法」、『官能評価の基礎と応用』、日本規格協会、p.162
[2] 難波和子ほか(1991)：「苦味の嗜好性」、『第25回　味と匂のシンポジウム論文集』、p.149
[3] 水間桂子ほか(1992)：「苦味の嗜好性(その2)　―ストレスと苦味の感受性―」、『第26回　味と匂のシンポジウム論文集』、p.149

[4] 高木満ほか(1984):「味覚強度の口中時間変化測定のためのコンピューター解析装置と利用例」、『第18回　味と匂のシンポジウム論文集』、p.105

[5] D. M. Mcnair and M. Lorr(1964)："An Analysis of Mood in Necrotics"、*J. of Abnormal and Social Psychology*, 69, p.620

[6] 眞鍋康子著、山野善正総編集(2003):「1.3　まずい味とそれを嫌う脳内メカニズム」、『おいしさの科学事典』、朝倉書店、pp.14〜16

[7] 横山和仁、荒記俊一(1994):『日本語版POMS　手引』、金子書房、pp.5〜7

[8] Lawless, H. T. & Heymann, H. (2010)："Chapter8 Time-Intensity Methods."、*Sensory Evaluation of Food Principles and Practices Second Edition*, Springer, pp.179〜198

[9] ASTM Committee E18 on Sensory Evaluation(2013)："ASTM E1909-13 Standard Guide for Time-Intensity Evaluation of Sensory Attributes"、ASTM International

[10] 井上裕光(2012):「第2章　評価の形式と方法の使い分け」、『官能評価の理論と方法』所収、日科技連出版社、pp.21〜24

[11] 高橋伸彰(2014):「咀嚼・嚥下プロセスを考慮した官能評価—時間強度曲線法(TI法)について—」、『日本調理学会誌』、5、第47巻、pp.267〜271

[12] N. Pineau, P. Schlich, S. Cordlle, C. Mathonniere, S. Issachou, A. Imbert, M. Rogeaux, P. Etievant, E. Koster P. (2009)："Temporal dominance of sensations：Contrruction of the TDS curves and comparison with time-intensity"、*Food Quality and Preference*, Vol.20, pp.450〜455.

[13] 今村美穂(2012):「記述型の官能評価／製品開発におけるQDA法の活用」、『化学と生物』、11、第50巻、pp.818〜824

[14] 川崎寛也(2016):「Tempral Dominance of Sensations(TDS)：感覚の経時変化を測定する新たな手法」、『日本調理科学会誌』、3、第49巻、pp.243〜247

[15] 國枝里美(2013):「最近の官能評価手法TDSに関する検討」、『AROMA RESEARCH』、1、第14巻、pp.29〜35

[16] 高橋伸彰(2005):「チョコレートのおいしさを科学する」、『日本味と匂学会誌』、第12巻、pp.131〜138

[17] EilersH. and Dijksterhuis, G. B. P. (2004)："A Parametric Model for time-intensity curves"、*Food Quality and Preference*. Vol.15, pp. 239〜245

[18] LedauphinVigneau, E and Causer, D. S. (2005)："Function approach for the analysis of the intensity curves using B-splines"、*J. Sensory Studies*, Vol.20, pp.285〜300

[19] 岸学(2005):『SPSSによるやさしい統計学　第2版』、オーム社、pp.203〜205

第8章 閾値測定、識別試験

8.1 はじめに

　官能評価において、感覚・知覚の定量化は基礎的で重要な事項であり、これらを定量化する精神物理的測定法の歴史は19世紀前半のウェーバーにさかのぼる。測定すべき興味の対象は主に、刺激閾（Absolute Threshold）、弁別閾（Differential Threshold）、主観的等価値（Point of Subjective Equality：PSEと略される）などの刺激強度である。一般に「閾値」と称される刺激閾は検知閾値（「刺激なし」と区別できる最小の刺激物理量）と認知閾値（刺激の種類や性質を答えられる最小の刺激物理量）とを区別して論じなければならない。

　閾値は感度の一指標とされ、人間のある反応を引き起こすために必要な刺激の最小量である。例えば、高齢者と若年者の味嗅覚感度にどのくらい差があるかをそれぞれの刺激閾を測定することで明らかにし[1]、加齢による感覚器官の機能の違いや機能低下の注意喚起などに用いられる[2]。あるいは、味覚感度と食品嗜好との関係を明らかにする[3]、チクチク感を感じさせない繊維の太さと密度を測定し[4]、肌触りの良い生地製品開発につなげるなど、測定された結果が応用される場面は多い。また閾値は、個人差の大きい応答結果の解釈や考察に測定され、パネリストを応答により層別解析したグループ間で閾値に有意な差が見られたという研究[5]も見受けられる。

　PSEは、標準刺激と等しいと主観的に判断された比較刺激の物理量を示す。例えば、錯視で有名なミュラーリアーの線分の両端につけられた内向きと外向きの矢羽を用い、主観的に等しいと感じる線分の長さを測定すると、内向きの矢羽の線分は外向きの矢羽の線分に比べ7～8割短く感じられるなどである。食品を対象とした研究では、味噌汁のような懸濁液中では塩味の強さは弱く感

じ[6]、固形食品の甘味は同濃度のショ糖溶液より低く感じられた[7]など、呈味効率の観点から、甘味度や塩味増強度合い[8]を示すために測定される。

弁別閾は、標準刺激より大きいまたは小さいと判断できる比較刺激に対して標準刺激との差が最小となる値のことで、丁度可知差異(Just Noticeable Difference：JND)ともいわれる。感覚の尺度の一単位となるが、工業製品などで標準品からどのくらい外れても品質に問題ないかを判断するための基準として、品質規格の幅や範囲を定める場合などにも用いられる。

閾値の測定方法としては、刺激の呈示方法により調整法、極限法(上昇系列、下降系列)、恒常法、階段法などがある[9]。呈示方法は刺激の性質や効率を考えて選ばれる。

8.2 事例の紹介

以下に紹介する閾値測定事例は、1994年9月に開催された「第24回　日科技連官能検査シンポジウム」における発表演題「味わい方と味覚」(丸山郁子、山口静子：味の素㈱　食品総合研究所)である。

味わいと味覚
―特にうま味を中心として―

1. はじめに

官能検査による味覚の測定で最も広く用いられているのは全口腔法(whole mouth method)である。これは試料溶液を口に含み、口腔内全体にまんべんなく行きわたらせて味わう方法である。また、満腹を避けるために吐き出す(sip-and-spit法)のが普通である。全口腔法では、一口に味わう溶液の量は10ml程度とすることが多いが、これは、日常溶液を味わうときの一口あたりの量が12～14mlとされていることからしても現実的な味わい方といえる。

一般に、口に含む試料の量が多ければ、それだけ口腔内のいろいろな部位に分布する味のレセプターを刺激する分子やイオンの数も多いので味は強く感じ

られると思われる。また、唾液は希釈されやすくなるので、唾液中の成分が試料の呈味に及ぼす影響は少なくなる。しかし、特に味が強い場合は順応や疲労を起こしやすく、また、口中に試料が残存して次に味わう試料に影響を与える可能性が大きい。それに対して、試料が少量の場合はこのような影響は少ないが、味の受容部位全体に行き渡らず、受容部位に到達するまでに溶液は唾液で希釈される度合いが大きく、口腔内の残留物によって影響を受ける度合いも大きい。また、味の種類によって感受性部位や唾液の分泌速度なども異なる。したがって、味蕾の味細胞に作用する際の溶液の真の濃度や消費量、用いるべき必要にして十分な刺激溶液の量、さらに先に味わった試料の口腔残存物の存在や除去などについてはいかに細かく追求しても、正確に知ることはとうてい不可能な問題である。

実際問題として刺激量が感度に与える影響を調べた研究はいくつか報告されている。例えば、O'Mahony(1984)[10]は一口に味わう試料の量を10ml、1ml、0.1mlの3段階としてNaCl溶液の塩味に対する感度を測定した結果、「10mlと1mlの間に有意差がなかったが、0.1mlでは有意に感度が低くなることがわかった。また、10mlを全口腔法で味わったとき、最も感受性が高かった」と報告している。Brosvic(1989)[11]は「0.05～0.9mlの間では4基本味の閾値は試料の量と逆相関がある」としている。しかし、うま味についての測定値は報告されていない。また、このような値は実験の方法によっても大きく変動すると思われる。そこで、本研究ではいろいろな条件下で、刺激量がうま味および4基本味の感受性に与える影響について検討した。

2. 実験方法

2.1 実験Ⅰ：認知閾値の測定

(1) 刺激量および味わい方

刺激溶液の量は10、0.1、0.01、0.001mlの4水準とし、絶対評価法で認知閾値を求めた。10mlの場合は全口腔法、その他の刺激量の場合はLick法に従った。

① 全口腔法：70ml入りの透明プラスチック製カップで試料溶液を呈示

した。被験者はそれを10秒間味わった後吐き出し、味の種類(甘味、塩味、酸味、苦味、うま味、無味、不明のなかから1つを選択)と、明瞭度(1：そのような気がする、2：多分合っている　3：絶対に合っている、のなかから選択)を答えた。必ず口漱ぎを行ってから次の試料を味わうことにした。

② Lick法：実験者がマイクロピペッターで試料を採取し、被験者の持つ小さなプラスチックスプーンの裏側にのせて呈示した。被験者はそれを舌先で嘗め取り、ごく微量の試料を味わうときに人が自然にとる行為を前提として口腔内でよく味わい、同様に味の種類、および明瞭度を選び、答えた。

(2) 試料

用いた物質は、Sucrose、NaCl、DL-Tartaric acid、Quinine sulfate、MSG、IMPとした。1人1回につき、1種類の味について評価を行った。それぞれの刺激量について被験者が味の種類を判別できない低い濃度からスタートし、2倍ずつ上昇させた(濃度は図表8.1参照)。

(3) 被験者

当社研究員30名とした。

2.2　実験Ⅱ：検知閾値の測定

実験Ⅰのように上昇系列で試料を呈示し絶対評価を行うと、特にうま味の場合、人により味に対する慣れ不慣れがあり、その個人差が感度の違いとして現れてしまう可能性が考えられた。そこで、念のためより客観的な測定方法である3点識別試験法で誰もが味の種類を識別できる濃度から下降系列で試料を呈示したときの検知閾値を測定した。

(1) 刺激量および味わい方

全口腔法および刺激量0.01mlの場合についてのみ検討した。

① 全口腔法：実験Ⅰと同種のカップに約30mlの試料を注いだ。被験者

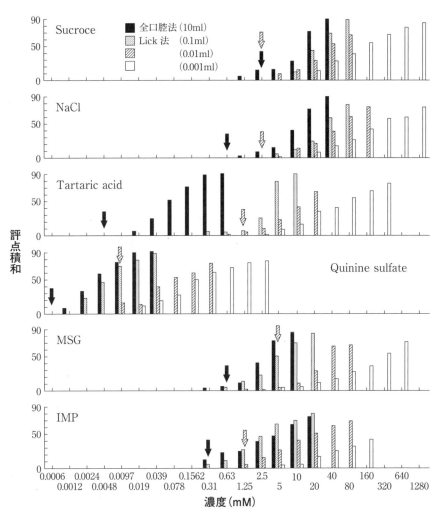

注) 棒グラフは各味溶液に対する評点積和
　　▼、▽はそれぞれ刺激量10ml、0.01mlのときの検知閾値を表す

図表 8.1　刺激量および味わい方が認知に及ぼす影響(*n*=30)

は検体の入ったカップ1個に対し、純水の入ったカップ2個、合計3個1組から1個だけ味のするものを選んだ。1人1回に一種類の味について6～7組の試料を評価した。試料を口に含む量や味わい方は自由に任され、繰り返し味わうことが許された。必ず口濯ぎを行ってから次の試料を味わうことにした。

② Lick法：被験者は実験Ⅰと同様にスプーンから舌先で嘗め取るようにして味わった。1度目で被験者が答えられなかったときには、答えをいわない場合に限り、もう一度同じ順序で試料を味わえることにした。必ず口濯ぎを行ってから次の試料を味わうことにした。

(2) 試料

実験Ⅰと同じ物質を用いた。明らかに味質を判別できる濃度からスタートし、2倍ずつ希釈して下降系列で提示した(濃度は**図表8.2**参照)。

(3) 被験者

当社研究員30名とした。

3. 結果

3.1 実験Ⅰ：認知閾値の測定

各味物質に対する認知閾値の測定結果を**図表8.1**に示す。y軸は、各濃度において、Sucroseを甘味、NaClを塩味、Tartaric acidを酸味、Quinine sulfateを苦味、MSG、IMPをうま味と答えた人数とその味の明瞭度との積和を表している。最大値は、$3 \times 30 = 90$である。Sucrose、NaCl、IMPは刺激量が少なくても味の発現する濃度はあまり下がらなかった。MSGは同じうま味物質でもIMPに比べれば刺激量0.01mlではやや感度が下がり、Quinine sulfateも同様の傾向を示した。Tartaric acidは刺激量が減ると、酸味に対する感受性が大幅に低下した。

Sucrose

濃度 (mM)	40	20	10	5	2.5	1.25	0.63	0.31
10ml	30***	29***	28***	19***	18*	6	11	11
0.01ml	30***	27**	25***	22***	15*	13	9	4

NaCl

濃度 (mM)	40	20	10	5	2.5	1.25	0.63	0.31
10ml	30***	30***	30***	30***	26***	16*	15*	12
0.01ml	30***	29***	25***	22***	16*	8	4	

DL-Tartaric acid

濃度 (mM)	20	10	5	2.5	1.25	0.63	0.31	0.16	0.08	0.04	0.02	0.01	0.005	0.003
10ml	30***	27***	24***	22***	18***	11	9							
0.01ml	30***							30***	29***	25***	25***	18***	19***	14

Quinine sulfate

濃度 (mM)	1.25	0.63	0.31	0.16	0.08	0.04	0.02	0.01	0.005	0.0025	0.0013	0.0006	0.0003	0.0002
10ml	30***	29***	28***	27***	24***	23***	24***	30***	28***	26***	16*	16*	11	11
0.01ml								20***	11					

MSG

濃度 (mM)	40	20	10	5	2.5	1.25	0.63	0.31	0.16
10ml	30***	28***	21***	29***	30***	22***	20***	9	9
0.01ml				15*	7	3			

IMP

濃度 (mM)	20	10	5	2.5	1.25	0.63	0.31	0.16	0.08	0.04
10ml	30***	28***	24***	20***	29***	26***	19***	14	13	9
0.01ml					15*	11				

注) *、**、*** はそれぞれ、5%、1%、0.1%で有意に識別できたことを示す

図表 8.2 刺激量 10ml、0.01ml での各物質の3点識別試験法における正解者数 ($n=30$)

3.2 実験Ⅱ：検知閾値の測定

各味物質に対する測定結果の生データを図表8.2に示す。また、それぞれの味物質に対して危険度5%で有意に識別できた最小の濃度を閾値とし、刺激量0.01ml、10mlの閾値をそれぞれ図表8.1に矢印で記入した。Sucroseの検知閾値は刺激量に関わらず一定であり、NaCl、IMPもあまり刺激量により閾値に差がなかった。同じうま味でもIMPはMSGよりやや刺激量の影響を受けにくいように思われた。Quinine sulfateはさらに両者の間の差が大きく、Tartaric acidは実験Ⅰの結果と同様に、刺激量が少ないと、口腔内全体で試料を味わう場合に比べて非常に感度が下がることがわかった。

4. 考察

Sucroseは実験Ⅰ、Ⅱにおいて刺激量の影響を最も受けにくく、実験Ⅱにおいて刺激量10mlと0.01mlとでは閾値が一致した。このように甘味が刺激量による影響を受けにくいことの理由としては、甘味を受容するレセプターの存在する密度が高く、微量であってもそれをすぐに捕えることができること、味自体がわかりやすく、曖昧であっても他に類似した味がないためにすぐに甘味がわかること、などが推測される。

NaClもSucroseと同様に刺激量による影響を受けにくかった。

Tartaric acidは、刺激量が少ないと前述のように唾液による影響を受けやすくなるために、酸味が弱くなると考えられる。酸味による刺激は、特に耳下腺唾液の分泌量を促すことが知られている（Horioら、1989）[12]。少量の溶液は唾液の緩衝能によってpHを引き上げられること（Matsuoら、1992）[13]が大きな原因だと考えられる。また、酸味の感受性は特に舌側において高いといわれているので少量ではレセプターに到達しにくいことも考えられる。

苦味は舌後部の有郭乳頭近傍において最も感受性が高いといわれているために微量ではレセプターに到達しにくいためか、量による感受性の差が若干大きかった。

しかし、舌後方で感受性が高いといわれているにも関わらず、MSGとIMPは刺激量により感受性が大幅に異なることはなかった。特にIMPはより全口

腔法と微量刺激との間の感度の違いが小さかった。両者のレセプターが同じであると仮定すれば、唾液中に含まれるグルタミン酸(Yamaguchi、1991)[14]による影響が考えられる。すなわち、唾液中には約 0.0083mM(MSG 換算で約 1.5ppm)のグルタミン酸が含まれているが、微量の溶液は唾液によって希釈されるのでレセプターに作用する IMP と唾液の混合溶液中のグルタミン酸濃度が高くなり、IMP との間に相乗効果を引き起こすために、微量の IMP の呈味力が引き上げられた可能性がある。

5. おわりに

これまでにも臨床では塩味を中心とした微量刺激による味覚検査は行われていた(Henkin ら、1962)[15]。その利点としては、①口腔内で順応が起こりにくいこと、②唾液が希釈されにくいこと、③わずかな試料で多くの被験者に対して実験を行えるので試料による実験誤差が少ないこと、④実験が簡便であること、などが挙げられる(Brosvic ら、1989)[11]。官能検査においても、試料が少量しか採取できない場合、試料が非常に高価な場合、試料の刺激が非常に強い場合などには微量刺激を用いる可能性がある。そのとき、味の種類によっては、刺激量の影響を非常に受けやすく、全口腔法で味わう場合と感度が大きく異なる物質があることを充分考慮し、実験を行うべきであると思われる。

一方、閾値は呈味成分の呈味力、あるいは人間の感度を示す一つの指標であるが、刺激量をどこまで減少させても感知できるか、ということも、もう一つの指標といえる。ここで用いた 0.001ml は刺激条件としてはあまりにも微量に過ぎるが、それでも人間は明確にその味を感知できるということは驚きである。官能検査はこのような人の感度を巧みに活用すべきものと思われる。

8.3 事例の解説

飲料・水溶液の官能評価では試飲量、味わい方、飲み込みか吐き出しかの条件を決める。本事例では一口に味わう溶液の量(刺激量)の違いが測定する閾値

にどのような影響を与えるか、詳細に調べている。味覚生理学的にみて、口に含む試料の量が多ければ、口腔内に存在する味覚受容器を刺激する物質の分子やイオンの数も多くなり、味を強く感じやすい。口腔を試料が刺激すると唾液が分泌され、試料が希釈されたり、試料中の成分と相互作用を起こしたりするが、一般に口に含む試料の量が多いと唾液による影響は少なくなると考えられる。一方で、試料濃度が高い場合は、口に含む試料の量が多いと順応や疲労を起こしやすく、口腔内に残存して次に味わう試料の評価に影響を与える可能性が高くなる。

本事例において閾値測定に用いた物質は、5基本味を代表するショ糖、塩化ナトリウム（NaCl）、DL-酒石酸、硫酸キニーネ、グルタミン酸ナトリウム（MSG）、イノシン酸ナトリウム（IMP）の6種である。測定手法は、認知閾値は上昇系列で試料を呈示し、1点識別法で行った。検知閾値は下降系列で試料を呈示し、3点識別法で行った。

8.3.1 評価の概要

試料溶液の量は認知閾値の測定では、10、0.1、0.01、0.001mlの4条件を比較した。味わい方は、10mlの条件では全口腔法、それ以外の条件はLick法で行った。全口腔法は試料溶液を口腔内全体に行きわたらせて味わう方法、Lick法は、小さなプラスチックスプーンの裏側にマイクロピペッターで試料を滴下し、評価者がそれを舌先で嘗め取りよく味わう方法で行った。試料溶液は低い濃度から順に上昇系列で1点ずつ呈示し、味の種類を甘味、塩味、酸味、苦味、うま味、無味から1つ選択してもらい、回答の明瞭度を3段階で答えた。回答の明瞭度は「1：そのような気がする」、「2：多分合っている」、「3：絶対に合っている」のなかから選択した。

検知閾値の測定では、試料溶液は30mlと0.01mlの条件のみとした。味わい方は、30mlの条件では全口腔法、0.01mlの条件ではLick法で行った。3点識別法は、全口腔法では、試料溶液の入ったカップ1個と純水の入ったカップ2個の合計3個を並べて呈示し、試飲の間に口すすぎを行いながら、3個を自由に、繰り返し味わい、味のする1個のカップを選んだ。Lick法では、3本のスプーン裏面にそれぞれ滴下された液全量（0.01ml）を順に嘗め取り、味のする1

つを選んだ。1度目で答えられなかったときには、もう一度同じ順序で試料を味わえることにした。必ず口すすぎを行ってから次の試料を味わうこととした。評価者は食品会社の研究員30名であった。

試料溶液は最大濃度40mMから2分の1ずつ（公比0.5）希釈を繰り返して調製した。

8.3.2 結果の表し方

各物質の認知閾値の測定結果は、各濃度において、ショ糖を甘味、NaClを塩味、酒石酸を酸味、硫酸キニーネを苦味、MSG、IMPをうま味と回答した人の回答の明瞭度を合計した評点積和で示している。最大値は3（絶対にあっている）×30（名）=90である。結果の図より刺激量が最も少ない0.001mlでは高濃度側で評点積和が高くなる傾向であり、感度が低いことがわかった。0.001ml以外の条件（0.01ml、0.1ml）のLick法と全口腔法（10ml）で評点積和の分布に差がみられたのは、酒石酸、硫酸キニーネ、MSGであった。

認知閾値測定で明瞭度を評点に読み替えて平均値や信頼区間を求めている研究も見受けられるが、本事例では評点積和を分布で表すに止めた良い事例と思われる。

検知閾値の測定結果は、それぞれの物質に対して、3点識別法の正解者数と有意差を「*」で示した。危険率5%で有意に識別できた最小の濃度を閾値と表した。図表8.3に本事例で求めた各物質の検知閾値をまとめた。ショ糖では味わい方（以下、刺激量）に関わらず検知閾値は2.5mMと一定であり、NaCl、IMPも刺激量による影響を比較的受けにくかった。同じうま味物質であってもMSGはIMPよりやや刺激量の影響を受けやすく、硫酸キニーネ、酒石酸

図表8.3 味わい方の違いによる各物質の検知閾値(mM)

物質 味わい方	ショ糖	NaCl	酒石酸	硫酸キニーネ	MSG	IMP
全口腔法	2.5	0.63	0.005	0.0006	0.63	0.31
Lick法(0.01ml)	2.5	2.5	1.25	0.01	5	1.25

は刺激量が少ないと閾値が高くなり、感度が大きく低下した。

8.3.3 刺激量と閾値に関する考察

本事例では、ショ糖の閾値が刺激量の影響を最も受けなかった理由として、舌には甘味受容体の密度が高いこと、甘味自体のわかりやすさを挙げている。分子レベルでは甘味受容体 T1R2、T1R3 の受容様式の多様性がいわれている[16]が、受容体の種類として同じグループに属するうま味や苦味の受容体との違いや、受容体が発現している味細胞の種類、味神経による伝達特性に味質間に違いが存在するかは未だ明らかでない。また、酒石酸が微量刺激では酸味を弱く感じた理由として、「酒石酸は刺激量が少ないと唾液による影響を受けやすく、唾液の緩衝能によってpHが引き上げられたため」と考察している。さらに、酸味、苦味に関して舌の部位により特定の物質の感受性が異なることに言及し、「微量刺激の場合、感受性の高い舌部位に到達しないためではないか」と考察している。舌部位と感受性については実際に直径5mmの濾紙ディスクを用いた味覚感受性試験により、甘味、苦味は舌部位による感度差は認められず、塩味は舌縁部で感度が高く、酸味は舌縁部で感度が低いという報告[17]や、甘味のみ舌尖部が舌中央部に比べ有意に感度が高いことが示されている[18]。また、うま味物質2種(MSGとIMP)の閾値に関し、IMPのほうが刺激量の影響を受けにくかったのは、唾液中に含まれるグルタミン酸(0.0083mM)との相乗効果により呈味力が引き上げられた可能性を示唆している。

本事例により、0.001mlというごく微量な刺激条件であっても人は明確に味を感知できることが再認識できる。試料が少量しか採取できない場合でも官能評価の試行は可能であるが、味の種類によっては刺激量の影響を受けやすいので、十分考慮して行うべきであることを示した好研究である。

8.4 次の官能評価に向けて

8.4.1 認知閾値の求め方

呈味物質の認知閾値は多くの研究者により測定されているが、対象者の属性(性別、年齢、人種など)や生理状態、用いた統計解析方法などにより大きく異

なるため、同条件での比較や考察に止めているものが多い。そのなかでショ糖、NaCl、酒石酸、クエン酸に関して日本人大学生世代を対象とした10本の論文、文献値を比較した研究[19]があり、ショ糖の認知閾値は0.4〜1.25%(11.7〜36.5mM)、NaClの認知閾値は0.059〜0.175%(10.1〜29.9mM)の範囲、酒石酸は0.005%(0.33mM)および0.0125%(0.83mM)であるとまとめられている。本事例の全口腔法での認知閾値は、おおむねショ糖では20mM、NaClでは10mM、酒石酸では0.078mMと読み取ることができ、ショ糖とNaClの値は他の研究と対応している。

閾値の測定方法としてISO 3972：2011「Sensory analysis-Methodology-Method of investigating sensitivity of taste(官能分析—方法論—味の官能度の測定方法)」[20]に記されている方法を紹介する。ここでは5基本味に対してショ糖、塩化ナトリウム、クエン酸、カフェイン、グルタミン酸ナトリウムの食品グレードを用いるとしている。特級試薬の硫酸キニーネ二水和物は毒物のため、今日では味覚感度評価には用いない。また、ISOでは金属味の代表物質に硫酸鉄(Ⅱ)七水和物が用いられている。水溶液は、甘味が公比0.6、塩味、うま味、金属味が0.7、酸味、苦味が0.6で濃度調整を行う。呈示方法は上昇系列で1点ずつとし、パネリストは試飲後、「0：何も感じなかった」、「？：何かを感じたが何の味かはわからなかった」、「×：味を知覚した」で回答する。味を知覚した後でも試料は呈示し続け、濃度の増加を感じたらその都度×を追加していく。この方法を用いると検知閾値、認知閾値、弁別閾値、刺激頂(これ以上濃度を上げても強さの知覚が変わらなくなる刺激の最小量)の4種の閾値が一度に測定できる。ただしISOには集団の閾値を求める統計解析手法は記されておらず、測定で得られた結果は個人ごとに判断するものとしている。

8.4.2 検知閾値の求め方

本事例には、検知閾値の測定結果として、3点識別試験の正解者数全データが載せられている。そこで追加解析として、プロビット分析を試みた。試料濃度の対数($\log_{10}$)を横軸にとり、各濃度での3点識別試験の正解率に対し、JMP12.0(SAS社)により二項分布を仮定したプロビット曲線を最尤法により求めた。プロビット曲線モデルはすべての物質で有意であったので、判断の出

現率、すなわち見かけの正解率が50%になる試料濃度を逆推定により求めた。**図表8.4**はLick法で評価したショ糖0.001mlのプロビット分析結果例である。

プロビット分析で求めた本事例データの検知閾値を**図表8.5**に示した。

ショ糖、MSG、IMPの全口腔法の結果と硫酸キニーネの結果はプロビット分析で計算したほうが検知閾値はより低く推定された。また、ショ糖が5.92

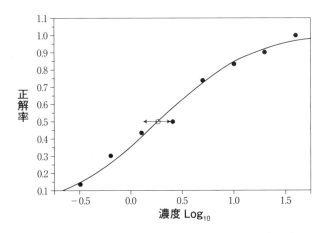

図表8.4 ショ糖0.001mlでの3点識別テスト結果のプロビット分析

図表8.5 検知閾値のプロビット分析による結果(単位:mM)

呈味物質	味わい方	有意差のあった最小濃度(丸山ら)	プロビット分析		
			推定値	信頼区間	
				下側95%	上側95%
ショ糖	全口腔法	2.5	1.46	0.99	2.03
	Lick法(0.01ml)	2.5	1.86	1.32	2.53
NaCl	全口腔法	0.63	0.61	0.41	0.82
	Lick法(0.01ml)	2.5	2.47	1.87	3.19
酒石酸	全口腔法	0.005	0.003	0.002	0.005
	Lick法(0.01ml)	1.25	0.910	0.586	1.282
硫酸キニーネ	全口腔法	0.006	0.0005	0.0003	0.0007
	Lick法(0.01ml)	0.01	0.0057	0.0022	0.0104
MSG	全口腔法	0.63	0.41	0.29	0.54
	Lick法(0.01ml)	5	5.02	3.96	6.31
IMP	全口腔法	0.31	0.12	0.08	0.17
	Lick法(0.01ml)	1.25	1.21	0.77	1.68

〜15.3mM、NaClが2.49〜5.07mMという先行研究[2]、[3]と比較しても、本結果のほうが低値であった。本事例での評価者30名について年齢は記されていないが、食品会社の研究員であることから、このような官能評価に慣れていること、普段から注意深く味わうことに長けていることと感度の上昇との関連性が示唆される。

8.4.3 識別試験

　検知閾値やPSE測定以外にも識別試験は行われる。目的とする結果は、刺激間の差の有無であり、統計的に有意差ありかなしかの判定を行う。

　識別試験では、識別したい特性が明確で、評価者間で共通認識が得られる場合は2点試験法（Paired comparison test）が用いられる。2点試験法は2点強制選択法（2 Alternative Forced Choice method；2-AFC）やDirectional difference testともよばれる。A非A試験法（"A"－"not A" test）は2つの刺激を直接比較できない場合、例えば非常に強く後に残るフレーバーを含む場合や、外観が微妙に異なる刺激などの場合、同時に呈示せず1点ずつ回答を求める方法である。

　識別したい特性が必ずしも一次元でない場合や表現しづらい場合、3点試験法（Triangle test）や1対2点試験法（Duo-trio test）、2対5点試験法（Two-out-of-Five test）が用いられる。ちなみに3点強制選択法（3-AFC）はTriangle testと呈示方法は同じであるが、あらかじめ識別してほしい特徴、着眼点を明示する方法であり、正解率や識別の精度は高くなる。

　識別試験を実施する際、パネリスト数が問題となることが多い。JIS Z 9080：2004「官能評価分析—方法」に記されている識別試験の方法と望ましいパネリスト数（JISでは「評価者数」）を図表8.6に記した。

　JISには「試験を実施する評価者数及び各評価者の反復数は評価の目的及び要求される精度に依存する」と記され、人数の根拠や評価能力についての詳細は示されていない。

　一方、ISO[21]〜[23]やASTM[24]規格では、必要な人数は試験の精度パラメータ（α、β、P_dまたはP_{max}）から求めるとされている。ここで述べられている精度パラメータαとはType1エラー（第一種の誤り）の大きさ（危険率、有意水

図表 8.6　識別試験の種類と望ましいパネリスト数

識別試験法	望ましい評価者数 (JIS Z 9080)		
	専門家	評価能力により選ばれた評価者	評価能力による選抜及び訓練を受けていない評価者
2点試験法 (5.2.2)	7人以上	20人以上	30人以上 (消費者試験の場合数百人)
3点試験法 (5.2.3)	6人以上	15人以上	25人以上
1対2点試験法 (5.2.4)	20人以上	20人以上	20人以上
2対5点試験法 (5.2.5)	—	10人以上	—
A非A試験法 (5.2.6)	—	20人以上	30人以上

準)のことで、本当は差がないのに差があるとしてしまう割合、βは Type2 エラー(第二種の誤り)で、本当は差があるのに差がないとしてしまう割合である。P_d は、真に識別できる人の割合、P_{max} は P_d に上側の信頼区間を加えた確率を示す。P_d は次式から求めることができる。

$$P_c = P_d + P_{chance}(1 - P_d)$$

　P_c：見かけの正答者の割合
　P_{chance}：偶然正解する確率

P_d の値は評価する試料や対象により異なるが、目安として、差が小さい場合は $P_d < 25\%$、中くらいの場合 $25\% \leq P_d \leq 35\%$、差が大きい場合は $P_d > 35\%$ と考える[25]。ISO や ASTM では最初に評価に必要な最低人数を求めることとしている。評価に必要な人数は、α と β の危険率の値と P_d を仮定することで求めることができる。例えば、α を 0.05、β を 0.1、P_d を 30% と仮定する 3 点識別試験では、53 名以上、2 点識別試験(片側検定)では 93 名以上の評価者が必要となる[27],[28],[30],[31]。

識別試験における有意差検定は二項分布を用いて行う。Excel では以下の BINOMDIST 関数を使い、有意確率 p 値を計算する。

　　$p = 1 - $ BINOMDIST(正解者数 − 1、繰り返し数、帰無仮説が正しい場合の確率、TRUE)

識別試験は差がないことを示したいときにも用いられているが、有意差検定は本来差があることを示すための検定のため、有意差なしの結果となっても、

比較したい2つの刺激は「差があるとはいえない」だけであり、「同等である」と安易に判断することはできない。例えば、原料を変更した改良品が現行品に対して差がないことを示したい場合、まず P_d を定め、評価手法と評価人数を適切に選ぶことから始めるとよい。P_d を10%として3点識別試験を行う場合、αを0.05、βを0.05とすると572名以上の評価者が最低必要ということになる。差がないかどうかを見たいので、αの危険率、つまり本当は差がないのに差があるとしてしまうエラーはあまり起こらないとして、αを0.2とした場合でも325名以上で識別テストを行わなければならず、実験者の負担は大きい。

8.4.4 差の程度の指標（サーストニアンモデルの活用）

ISOなどで提案されている精度パラメータ P_d（真に識別できる人の割合）は、実際にはどのように仮定したらよいかは記されていない。また、パネルの能力をどう見なすか、例えば閾値が低く、感受性の高いパネリストを集めた場合や、訓練された社内パネルなのか、学生や消費者などのナイーブなパネルなのかで識別試験の結果は大きく異なるが、そのことに言及していない。そこで、近年、サーストンの確率論モデル（Thurstonian probabilistic model）にもとづき求めた差の程度δ（デルタ）を精度パラメータとする方法が提案されている[26]。

サーストニアンモデルとは、比較刺激の強度判断の法則として1927年に発表された理論[27]にもとづき考案されたものである。感覚神経が大脳中枢に信号を伝える際にはノイズが必ず含まれており、刺激がノイズよりも十分大きければ容易に識別できるという信号検出理論[28]、[29]に評価者が"同じ"あるいは"違う"と判断する際の基準や境界線の引き方（Decision rule、認知戦略）を合わせて確立した考え方[30]、[31]である。

図表8.7は刺激XとYが大脳に伝わり、感覚として受容したときの刺激の強さを確率分布で示した例である。横線の矢印は右方向に感覚が強くなること、縦軸は起こりやすさ（likelihood）を示している。末梢神経で同じ強さの刺激が与えられても神経伝達時の減衰や受け手側の認知バイアス等でいつも同じ強度で受容されるとは限らないので、その変動を確率分布として仮定する。刺激が一定にコントロールできる場合、この変動は小さいが、食品のように原料や調製条件に微妙な差が生じてしまう場合は刺激側の変動も含めて仮定する。

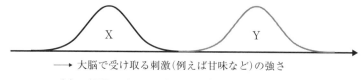

(a) 刺激XとYの強さの分布が離れている場合

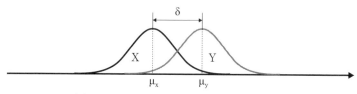

(b) 刺激XとYの強さの分布が近い場合

図表 8.7　サーストニアンモデルの考え方

(a)では2つの刺激XとYの強さの分布が離れているので、強度の差は大きく、識別試験をするまでもないが、(b)のような場合、XとYの強度が逆転して感じられることも確率的に起こりうる。

刺激Xにより感じられる強度の分布とYにより感じられる強度の分布の差δ(デルタ)は、d'(dプライム)として実験結果の標準偏差(σ)から以下の式で求める。$d'=2$とは、XとYの差が標準偏差の2倍であることを示している。

$$d' = \frac{\mu_y - \mu_x}{\sigma}$$

d'は、実用的には識別試験の正解率を用い数表[32]により算出することができる。例えば、2点識別試験を42名で行い、26名が正解した場合、有意差検定では$p=0.082$なので危険率5%では有意差なしであるが、d'を求めると0.432、d'の分散は0.077となる。3点識別試験を30名で行い、13名が正解した場合、$p=0.166$でやはり有意差なしであるが、d'は1.075、分散は0.31で、サンプル間の差の程度は後者のほうが大きいことがわかる。このようにδ(d')を計算することで、有意差あり、なしの考察だけでなく、手法が異なる場合でもサンプル間の差の程度を比較することができる。また、δは評価パネルの識別能力や感度の指標として用いることもでき[33]、識別試験結果の考察の範囲が広がる。

サーストンの確率論モデルδを導入することで、Tetrad test の識別精度の高さや有効性が示されている。Tetrad test とは2種類の刺激を各2つずつ計4点(例えばA、A、B、BをA1、A2、B1、B2として)同時に呈示し、パネリストには似ている2つずつのグループに分けるよう指示し着眼点は示さなくてよい。結果は(A1、A2)(B1、B2)と分類するのが正解であるが、(A1、B1)(A2、B2)、(A1、B2)(A2、B1)と分類する2通りの誤答が存在するので、偶然正解する確率は3点識別試験法と同じ1/3である。同じ刺激を用いて3点識別試験法と Tetrad test を比べた研究では、正解率は Tetrad test のほうが高いという結果であった[34]。Tetrad test は試料準備や呈示順序(ローテーション)の手間が少なく、評価を行う側のメリットは大きいが、実施例は少なく今後の事例蓄積が望まれる。

■第8章の参考文献

[1] Wysocki, C. (1989): "National Geographic Smell Survey Effects of Age Are Heterogeneous", *Annals of the New York academy of sciences*, 561, pp.12〜28

[2] 畑江敬子(2012):「高齢者1人1人の口腔内状態の評価と適した食物の調理法の提案」、『New Food Industry』、54、pp.46〜66

[3] 三橋富子、戸田貞子、畑江敬子(2008):「高齢者の味覚感受性と食品嗜好」、『日調科誌』、41、pp.241〜247

[4] 堀江暁、大泉幸乃、山本真理子(2002):「布地の表面が皮膚に及ぼすチクチク感用評価試料の作製」、『東京都立産業技術研究所研究報告』、5、pp.123〜124

[5] 星朱香、青木宗一郎、河野恵美、小笠原正志、尾中考、間宮幹士(2013):「NIRS を用いた客観的味覚評価技術の開発(2) 酸味抑制効果の計測」、『日本農芸化学会 2013年度大会講演要旨集』、p.1010

[6] 島村理美子、長尾慶子、平山静子(1992):「塩味の強さにおよぼす微結晶セルロースの影響」、『調理科学』、25、pp.134〜137

[7] Shimada, A., Hatae, K., Shimada, A.(1990): "Sweetness perception of solid food", *J. Home Econ.* Jpn., 41, pp.137〜142

[8] Manabe, M.(2008): "Saltiness enhancement by the characteristic flavor of dried bonito stock", *J. Food Sci.*, 73, pp.321〜325

[9] 小谷津孝明(1973):「第11章 閾値の測定法」、日科技連官能検査委員会編『新版 官能検査ハンドブック』所収、日科技連出版社、pp.395〜423

[10] O'Mahony, M., Atassi-Sheldon, S., Wong, J., Klapman-Baker, K. & Wong, S.

Y.(1984): "Salt taste sensitivity and stimulus volume: sips and drops," *Some implications for the Henkin taste test. Perception*, 13, pp.725 〜 737

[11]　Brosvic, G. M. & McLaughlin(1989): "Quality specific difference in human taste detection thresholds as a function of stimulus volume.", *Physiol. & Behav.*, 45, pp.15 〜 20

[12]　Horio, T. & Kawamura, Y.(1989): "Salivaryseretion induced by umami taste.", *Jpn. J. Oral Biol.*, 31, pp.107 〜 111

[13]　Matsuo, R. & Yamamoto, T.(1992): "Effects of inorganic constituents of salivation taste response of the rat chordatympani nerve.", *Brain Res.*, 583(1)〜(2), pp.71 〜 80

[14]　Yamaguchi, S.(1991): "Basic properties of umami and effects on humans.", Physiol. & Behav., 49(5), pp.833 〜 841

[15]　Henkin, R. I. & Slomon, D. H.(1962): "salt-taste threshold in adrenal insufficiency in man.", *J. Clin. Endocr. Metab.*, 22, pp.856 〜 858

[16]　日下部裕子、和田有史(2011):『味わいの認知科学』、勁草書房、pp.10 〜 20

[17]　江角由希子、小原郁夫(1995):「女子短大生の4基本味に対する味覚感受性」、『島根女子短期大学紀要』、33、pp.59 〜 66

[18]　江角由希子、小原郁夫(2001):「味覚感受性に対する視覚刺激の影響」、『家政誌』、52、pp.597 〜 604

[19]　原知子(2013):「短大生パネルにおける味覚について—味覚演習の効果の可能性—」、『神戸山手女子短期大学紀要』、56、pp.23 〜 32

[20]　ISO 3972(2011): Sensory analysis — Methodology — Method of Investigating sensitivity of taste(官能分析—方法論—味の官能度の測定方法)

[21]　ISO 4120(2004): Sensory analysis — Methodology — Triangle test(官能試験—方法論—3点試験法)

[22]　ISO 5495(2005): Sensory analysis — Methodology — Paired comparison test(官能試験—方法—2点試験法)

[23]　ISO 10399(2004): Sensory analysis — Methodology — Duo-trio test(官能試験—方法—1対2点試験法)

[24]　ASTM E 2164-08(2008): Standard Test Method for Directional Difference Test

[25]　Meilgaard et al.(2006): "Sensory Evaluation Techniques fourth edition," *CRC Press*, pp.63-80, pp.432 〜 434

[26]　Rousseau, B.(2015): "Sensory discrimination testing and consumer relevance", *Food Quality and Preference*, 43, pp.122 〜 125

[27]　Thurstone, L.(1927): *A Law of comparative judgment, Psychological Re-*

view, 34, pp. 273 ~ 286
- [28] Lawless, H. and Heymann, H.(2010): *Sensory Evaluation of Food, Second edition*, Springer, pp. 111 ~ 116
- [29] 畑江敬子(1993):「信号検出理論の官能検査への応用」、『調理科学』、26、pp.78 ~ 87
- [30] Bi, J.(2011): "Similarity tests using forced-choice methods in terms of Thurstonian discriminal distance", *d'*, *J. Sensory Studies*, 26, pp.151 ~ 157
- [31] Ennis, D.(2011): "The power of sensory discrimination methods revisited", *J. Sensory Studies*, 26, pp.371 ~ 382
- [32] Gacula, J., Singh, J., Bi, J. & Altan, S.(2010): *Statistical methods in Food and Consumer Research*, Academic Press, pp.616 ~ 618
- [33] Ishii, R., Kawaguchi, H., O'Mahony, M. & Rousseau, B. (2007): " Relating consumer and trained panels' discriminative sensitivities using vanilla flavored ice cream as a medium", *Food Quality and Preference*, 18, pp.89 ~ 96
- [34] Ishii, R., O'Mahony, M. and Rousseau, B.(2014): "Triangle and tetrad protocols: Small sensory differences, resampling and consumer relevance", *Food Quality and Preference*, 31, pp.49 ~ 55

索　引

【英数字】

1点識別法	186
2点試験法	191
3点強制選択法	191
3点識別試験法	180
3点試験法	191
Affection	83
AGFI	69
AIC	70
AUC	170
A非A試験法	191
BIC	70
CFI	70
d'（dプライム）	194
GFI	69
I_{max}	170
KJ法	78
Lick法	179, 182
P_d	192
QDA法	13, 24, 26, 27, 30, 165
RMR	69
RMSEA	70
SD（Semantic Differential）法	41, 50
SEM	59
TDS（Temporal Dominance of Sensations）法	165
Tetrad test	194
TI（Time Intensity）法	152, 153
TI曲線	168, 171, 172
──の集約化	169
TIデータの集約法	168
TIパターン	155, 156, 157, 162
TI法	151, 163
──の概要	164
T_{max}	170
σ（シグマ）	194

【ア　行】

意識	3
一意性の係数	135
一巡三角形	135
一致性の係数	135, 136
一対比較法	40, 49, 135
一般パネル	82
意味空間	50
意味尺度	50
インサイト	132
因子分析	41, 50, 55, 127
隠喩	80
ウィルコクスンの符号付き順位検定	174
受入検査	10
うま味	179
浦の変法	137
運動ストレス	153, 159
──状態	154
エキスパート	48
オズグッド	50
オノマトペ	81, 83, 85

【カ　行】

快不快度得点	89

活動性	*50*
間隔尺度	*9*
感性	*54*
観測変数	*60, 62*
擬音語	*81*
記述的評価法	*165*
擬態語	*81*
共感覚的表現	*80*
共分散構造分析	*56*
距離尺度	*40*
金属味	*189*
クエン酸	*155*
組合せ効果	*138*
クロス表（分割表）	*99*
化粧品	*82, 91*
決定係数	*58*
検証的因子分析	*67*
検知閾値	*177, 180, 184, 187*
交互作用	*30, 31, 33*
構造方程式	*61*
——モデリング	*56, 59*
工程縮減	*10*
コーディング	*129*
誤差	*8*
個人間差	*7*
個人差	*7*
個人内差	*7*
固定母数	*62, 65*
個別評価	*4, 52*

【サ 行】

サーストニアンモデル	*193*
サーストンの方法	*136*
サイクリック一対比較法	*146*
採取装置	*171*
残差	*57*
酸味	*154*
シェッフェの原法	*49, 137*
時間強度曲線法	*152*
閾値	*177*
——の測定	*172*
識別試験	*191*
識別性	*65*
刺激頂	*189*
刺激量	*179*
嗜好型	*82*
——官能評価	*4*
実験計画法	*144*
質的（定性的・カテゴリカル）データ	*99*
自動車エルゴメーター	*154*
シャープネス	*44*
尺度不変性	*67*
重回帰分析	*39, 56*
従属変数	*57*
主観的等価値	*177*
主効果	*138*
主成分分析	*85, 127*
出荷検査	*10*
順序尺度	*9*
順序評価	*138*
情緒の意味	*50*
情報量基準	*70*
試料	*1*
信号検出理論	*193*
真値	*8*
心理音響学	*44*
心理評価	*160*
数量化Ⅲ類	*111*

スキンケア	82, 91
ステップワイズ法	58
ストレス状態	152
精神的ストレス	153, 159
――状態	153
設計品質	51
――化	10, 49
絶対判断	49
絶対評価	4
説明変数	57
前意識	3
全口腔法	178
センサー開発	10
潜在変数	59, 60, 62
線尺度	28
全投入法	58
専門パネル	82
専門評価者	92
相関分析	51
総合評価	4, 52
相乗効果	185
双対尺度法（Dual Scaling）	99, 108
測定方程式	61
咀嚼・嚥下プロセス	152

【タ 行】

第一種の誤り	191
第二種の誤り	192
ダイアゴナル計画	147
対応のある2群の t 検定	161
対応のある2群の差の t 検定	173
対応分析	99
多感覚情報処理	2
多次元尺度構成法	99, 112, 127

多重共線性	58
多重比較検定	32
多変量解析	54
逐次型一対比較法	139
中間評価	4, 52
丁度可知差異	178
直喩	80
通様相性	80
定義文	79
呈味効率	178
データの採取間隔	167
適合度指標	61, 68
特定専門評価者	92
独立変数	57

【ナ 行】

内的基準	4
中屋の変法	40, 49, 137
ニーズ	115
苦味	154
――の感受性	153
二元配置分散分析	173
二項分布	193
日本語版 POMS	156, 160
乳液	83, 84, 92
認知閾値	177, 179, 182, 187
ノビス	49
ノンパラメトリック検定	174

【ハ 行】

芳賀の変法	137
走り感	14, 21, 27
パス係数	62
パス図	62

外れ値	174	平均値の差の t 検定	173
パネリスト	1	ペルソナ	132
――の選抜	24	偏回帰	56
――の返答時間	167	偏相関	57
パネル	1	返答時間	173
――リーダー	26, 27, 29	ホームユーズドテスト(HUT：Home Used Test)	130
パラメータ	62, 169, 170		
――推定法	61, 71	母数	62

【マ　行】

比較判断	49		
比喩表現	80	マグニチュード推定法	9
評価尺度法	5	マスマーケット	132
評価性	50	未知母数	62
評価の階層性	4, 52	無意識	3
表現語	1	名義尺度	8
標準解と尺度不変性	61	明瞭度	180
標準化解	67	目的変数	57
標準品	168	モデルの構築方法	61
評定尺度法	49		
評定法	5		

【ヤ　行】

評点積和	187		
比例尺度	9	ヤードスティック法	139
非連続的な方法	165	用語の開発	26

【ラ　行】

ブーバ・キキ効果	96		
不適解	61, 68	ラフネス	44
フラクチュエーションストレングス	44	ラボ品	131
ブラッドレーの方法	136	ランドネス	44
ブロック因子	173	力量性	50
プロビット分析	189	硫酸キニーネ	154, 155
プロフィール分析	50	連続的な方法	165, 166
分散分析	32, 33	濾紙ディスク	188
分析型	82		
分析型官能評価	4		

● 編著者紹介

神宮英夫(じんぐうひでお)(編集箇所:序章、第2章、第3章/執筆箇所:序章、2.1節〜2.4節)
　金沢工業大学情報フロンティア学部心理情報学科教授、同副学長(研究支援担当)、金沢工業大学感動デザイン工学研究所所長。1977年東京都立大学大学院人文科学研究科心理学専修修士課程修了後、東京都立大学、東京学芸大学、明星大学を経て、2000年より現職。官能評価を応用して、特にエンドユーザーにかかわる製品の開発に携わっている。特に、お客様が、"何となく"感じることを見える化して品質に落とし込むことを目指している。文学博士。日本官能評価学会理事・専門官能評価士。

笠松千夏(かさまつちなつ)(編集箇所:第7章、第8章/執筆箇所:第8章)
　味の素㈱イノベーション研究所主席研究員。2004年お茶の水女子大学大学院人間文化創成科学研究科博士後期課程修了。鎌倉女子大学を経て2006年から商品開発の現場で消費者行動研究、エスノグラフィに取り組み、2011年より現職。食品官能特性研究グループにて知覚と嗜好を関連づける官能評価手法の開発を行っている。博士(学術)。お茶の水女子大学非常勤講師。日本官能評価学会常任理事・専門官能評価士。

國枝里美(くにえださとみ)(編集箇所:第4章、第5章/執筆箇所:第4章、第5章)
　高砂香料工業㈱フレーバー事業本部グローバルフレーバー事業戦略部課長。日本大学理工学部卒業後、2016年3月まで同社R&D部門にて、匂いに対する人の感覚および嗜好研究に長年従事。フレーバーの官能評価では、評価室の立ち上げ、製品開発、消費者インサイト、JIS, ISOなどの規格、教育にもかかわる。日本味と匂学会誌編集委員、においかおり環境協会におい教育部会委員、同環境賞選考部会委員、日本官能評価学会常任理事・同学会認定専門官能評価士。

和田有史(わだゆうじ)(編集箇所:第1章、第6章)
　国立研究開発法人農業・食品産業技術総合研究機構食品研究部門食品健康機能研究領域感覚機能解析ユニット上級研究員。2002年日本大学大学院文学研究科修了後、長寿科学振興財団、日本大学、食品総合研究所を経て2016年より現職。多感覚知覚からリスク認知まで、食に関する認知心理学的研究を幅広く行っている。博士(心理学)。国際学術雑誌Appetite、Advisory Editor、日本基礎心理学会理事、日本官能評価学会常任理事・専門官能評価士。

●著者紹介

吉田浩一（よしだこういち）(執筆箇所：第 1 章)

　アルファ・モス・ジャパン㈱ゼネラルマネージャー。感覚を数値化する分析システムなどのアプリケーション開発に約 25 年間携わる傍ら、現在では QDA 法のトレーニングを中心とした官能評価事業(官能評価とその機器分析的なアプローチの両側面)を手掛ける。

里村裕紀（さとむらひろのり）(執筆箇所：2.5 節)

　2012 年 3 月大阪大学大学院人間科学研究科博士前期課程修了。同年日本たばこ産業㈱に入社。たばこの味香りに関する研究開発に従事。2015 年日本行動計量学会 肥田野直・水野欽司賞(奨励賞)受賞。

妹尾正巳（せのおまさみ）(執筆箇所：第 3 章)

　㈱コーセーにて、官能評価研究、消費者心理研究に従事。日本官能評価学会正会員、日本心理学会正会員。

長谷川節子（はせがわせつこ）(執筆箇所：第 4 章)

　㈱ノエビアホールディングスにて、官能評価研究、化粧品の商品開発、消費者調査など、マーケティングに従事(～ 2013 年)。日本官能評価学会正会員・専門官能評価士。

石黒　寛（いしぐろゆたか）(執筆箇所：第 6 章)

　㈱ニチレイフーズ研究開発部主任研究員。品質保証に関わる分析業務、食品成分の機能性評価業務を経て、2010 年より商品開発現場における品質評価・分析業務に従事。官能評価および機器分析によって得られた知見をもとに新たな商品の品質設計を目指している。

高橋伸彰（たかはしのぶあき）(執筆箇所：第 7 章)

　森永製菓㈱研究所開発企画部主任研究員。1989 年雪印乳業㈱(現雪印メグミルク㈱)入社。1995 年より官能評価業務に従事。2002 年森永製菓㈱入社。官能評価関連業務全般の統括と推進に従事。日本官能評価学会正会員。2006 年日本官能評価学会大会優秀研究発表賞受賞。

実践事例で学ぶ官能評価

2016年10月27日　第1刷発行

|編著者|神宮英夫　國枝里美|
|笠松千夏　和田有史|
|著者|吉田浩一　長谷川節子|
|里村裕紀　石黒　寛|
|妹尾正巳　高橋伸彰|
|発行人|田中　健|

発行所　株式会社　日科技連出版社
〒151-0051　東京都渋谷区千駄ケ谷5-15-5
DS ビル
電話　出版 03-5379-1244
　　　営業 03-5379-1238

印刷・製本　㈱中央美術研究所

URL　http://www.juse-p.co.jp/

Printed in Japan

©Hideo Jingu et al. 2016
ISBN978-4-8171-9596-8

検印省略

本書の全部または一部を無断で複写複製(コピー)することは、著作権法上での例外を除き、禁じられています。